「絵ときでわかる」機械のシリーズのねらい

　本シリーズは，イラストや図を用いて機械工学の基礎知識を無理なく確実に学習できるようにまとめた入門書で，工業高校・専門学校・高専・大学等で機械工学を学ぶ学生や，機械工学関連の初級技術者の方に特に親しまれてきました．

　改訂にあたり，今日の教育カリキュラムの内容を踏まえ，新しい題材や実例に即した記述内容・例題・コラム・章末問題などを充実させています．

本シリーズの特徴

★ 機械工学の基礎知識を徹底図解！

★ 1つのテーマが見開きで理解しやすい！

★ 難しい計算問題は，例題を用いて丁寧に解説！

★ 充実の章末問題で，無理なく確実に学習！

JN202691

「絵ときでわかる」機械のシリーズ編集委員会（五十音順）

安達　勝之	（横浜市立みなと総合高等学校）	
門田　和雄	（宮城教育大学）	
佐野　洋一郎	（横浜市立みなと総合高等学校）	
菅野　一仁	（元　横浜市立戸塚高等学校　全日制）	

絵ときでわかる

《第2版》

機械制御

Mechanical Control

宇津木 諭 ／著

OHM
Ohmsha

本書を発行するにあたって，内容に誤りのないようできる限りの注意を払いましたが，本書の内容を適用した結果生じたこと，また，適用できなかった結果について，著者，出版社とも一切の責任を負いませんのでご了承ください．

はじめに

　一般に，機械は多くの部品が組み合わされており，外部から供給された
エネルギーを有効な仕事に変換するため，各部品は相対的かつ定められた
運動を行っている．機械を精度よく運動させ，エネルギーを有効な仕事に
確実に変換するためには，機械を制御することが必要である．また，機械
を製作するための機器・装置などにも制御の技術が利用されている．制御
とは，「ある目的に適合するように，制御対象に所要の操作を加えること」
であり，この操作を自動的に行わせようとするものが自動制御である．制
御の歴史は古く，紀元前から水時計に単純な流量制御が利用されていたが，
自動制御が最も発展したのは，イギリスから興った 18 世紀半ばからの産
業革命以降である．特に，ジェームス・ワットが蒸気機関の回転速度を一
定に維持するために考えた遠心調速機が，制御の原点といわれている．現
在は，単純なものからより精度の高い制御方式へ，機械的制御から電子制
御あるいはコンピュータ制御やマイコン制御へ移行している．

　本書の第 1 章では機械工学の分野で利用されている自動制御の種類と
その概要を示している．第 2 章以降では，機械の制御で最も多用されてい
るフィードバック制御を理解するために必要なラプラス変換，ラプラス変
換表の利用方法，基本要素の伝達関数の考え方，図式的に制御を考えるブ
ロック線図，過渡応答や周波数応答などを説明している．さらに，実際の
フィードバック制御では欠かせない PID 制御の考え方，制御に必要なセン
サやアクチュエータの基礎知識なども説明している．

　自動制御の基本を理解する上で，三角関数やラプラス変換などは便利な
道具であり，完全に避けて通ることはできない．そこで，本書は高校程度
の基礎的な数学知識でも制御の内容が理解できるように心がけ，図やイラ
ストを用いて説明している．本書の読者が少しでも制御に興味を持ってい
ただければ幸いである．

　最後に，本書の出版にあたっては，オーム社出版局の方々に多大なる労
をわずらわせた．心から謝意を表する．

　　2006 年 8 月

　　　　　　　　　　　　　　　　　　　著者しるす

第2版改訂にあたって

　本書初版が発行されて以来，皆様のご賛同を得て多くの刷を重ねることができ，この度改訂の運びとなった．

　今日，工場での機械・装置，航空機やロケットなどには自動制御が不可欠であり，さらに日常生活で欠かすことのできない家電や自動車でも，自動制御は，"あれば便利"から"あって当然"のように考え方が変わってきている．もはや私たちの身のまわりには制御されていない機械や器具はないと思われるほどである．これらの制御から連想されるのは，一般に，コンピュータ制御と思われるが，機械や電気などの工学分野で，自動制御とは，変位，速度，電圧，電流，温度，圧力などの「物理量」を制御する一つの方法である．この自動制御にもマイコン等のコンピュータが導入・普及しているが，重要なのは，その基礎となる自動制御理論である．しかし，制御理論はかなり数学的で，初めて制御を学ぶ者には難しく戸惑うことが多い．

　そこで本書では，機械の制御の基本となる範囲を可能なかぎりやさしく，図を配置した構成で記述をすることを心がけた．

　改訂にあたって，これまでに読者の皆様からいただいた貴重なご意見・ご指摘を参考に，表現の工夫や内容の再検討を行った．また，各章の終わりには演習問題を設けているので，自ら問題を解き，内容への自身の理解度を確認してほしい．読者の皆様に，少しでも機械制御に興味をもっていただけると幸いである．

　最後に，本書の改訂を行うにあたっては，ご尽力いただいたオーム社ならびに同社書籍編集局の方々に絶大なるご支援をいただいた．ここに付記して厚く御礼申し上げる次第である．

　2018年7月

著者しるす

目　　次

第8章 センサとアクチュエータの基礎

第1章

自動制御の概要

制御とは，機械・装置や化学プラントなどが，目的とする状態で動作するように，適当な調節をすることである．

例えば，制御されていない暖房装置では，温度はその環境温度と平衡するまで上昇してしまうし，冷房装置ではその逆となる．このため，生活環境をよりよくするためには，冷暖房装置の制御が必要不可欠となる．また，現在の自動車では，パワーアシスト（動力補助）されたステアリング装置（いわゆるパワステ），サスペンションやブレーキシステムなどの自動制御された装置はなくてはならない要素である．

本章では，機械工学の分野での制御の必要性，制御の種類や考え方について説明し，まず自動制御の概要が理解できるようにする．

1-1

制御の必要性

制御とは 思うがままに ほしいだけ

Point

❶ エアコンの適切な加温・冷房には制御が必要である.

❷ パワーアシスト（動力補助）にも制御が必要である.

❸ 原動機の回転を一定にするには制御が必要である.

単純な電熱器による暖房あるいは加熱（**図1・1**）では，発熱量と空間の温度が平衡するまで温度が上昇する．また，冷凍装置を用いた冷房では，冷房能力と空間の温度の平衡がとれるまで温度は下降する．つまり電熱器の通電や冷房装置の出力を制御しなければ，温度はそれぞれの限界の温度（加温の限界温度，あるいは冷房の限界温度）まで変化することになる．いずれの場合も空間を限界内の一定温度（設定温度）に保ちたいときは，なん

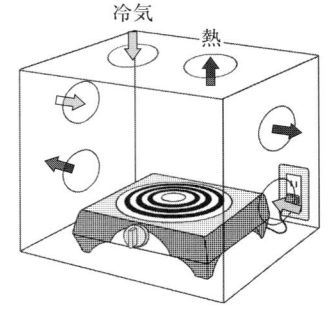

図1・1 電熱器による空間の加熱

らかの制御が必要となる．このような温度制御が行われている例は，身のまわりにかなり多く存在する．例えば，風呂，電気保温ポット，エアコンおよび電気冷蔵庫などがある．風呂の湯温などは手動（追焚きなど）で制御可能とも思われるが，精度よく制御するにはやはり自動制御が不可欠である.

図1・2 に示す蒸気機関は，ボイラーでつくられた蒸気が上部の蒸気入口から流入し，滑り弁装置を通り，シリンダ内に入り，ピストンを動かす．滑り弁装置は，ピストンを左右に動かすために，蒸気の出入口を交替させる装置である．このような蒸気機関が，人類最初の原動機といわれており，当時は小麦を挽く臼やポンプなどの動力源に用いた．しかし，この蒸気機関では，蒸気の流入量の増化とともに出力軸の回転は速くなるが，ボイラーから直接蒸気を流入させたのでは，目的に応じて適当な回転速度とすることはできない．つまり，適当な回転速度を得るためには，蒸気の流入量を制御する必要がある.

さらに，高温状態，極低温状態，そのほか人が簡単に立ち入ることができない

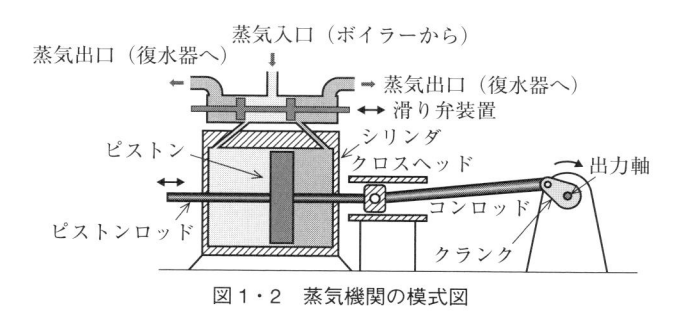

図1・2　蒸気機関の模式図

原子炉内や下水管内などの状況下で使用する機器・装置には，遠隔操作あるいは自動制御が必要不可欠である．

　また，自動車は発明以来，大衆化，安全性の強化や大型化で車両重量が重くなり，タイヤ幅もより太いものが使用されている．さらに，ジェンダーフリーやバリアフリーの考えからも，より小さな力で操作が可能なパワーアシスト（動力補助）が必要となっている．

　ステアリング機構（かじ取り装置，正式には操舵装置）は，ほとんどの車でパワーアシストされている例である（**図1・3**）．ステアリング機構とは，ハンドル（ステアリングホイル）を回すと，リンク機構で伝達要素（ラックとピニオンやボールねじなど）に伝わり，リンク機構でタイヤの向きを変えることができる装置である．パワステは，例えばハンドルを右に回す（この際，大きな力は必要ない）と，タイヤがその相当分だけ右へ回り，決して回り過ぎのないことが要求される．

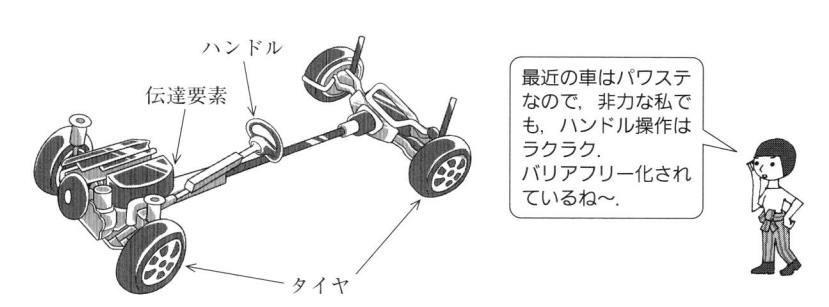

図1・3　車のステアリング（かじ取り）機構の模式図

　ここに示した例のように，機械や装置を自分の思うまま，自由に，かつ安全に扱うためや適当な状態で動作させるためには，調節すること，つまり制御することが必要となる．

1-2

自動制御とその種類

········· あれもこれも 身近にある 制御方法

❶ 決められた順序での制御はシーケンス制御である.
❷ 結果を判断する制御はフィードバック制御である.
❸ プロセス制御はフィードバック制御の仲間である.

❶ シーケンス制御

　シーケンス制御とは，あらかじめ決められた順序や条件によって実行される制御方式である．**図 1・4** に示す交差点の信号機もシーケンス制御されている．通常，一つの信号機は，**図 1・5** に示すような順序でランプ（あるいは LED）が点灯している．

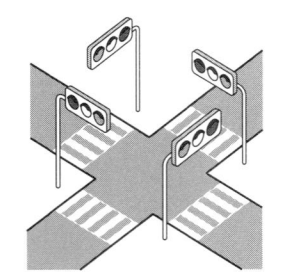

図 1・4　シーケンス制御の信号機

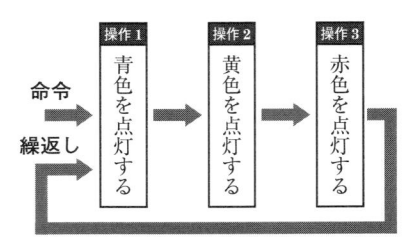

命令
繰返し

操作 1	操作 2	操作 3
青色を点灯する	黄色を点灯する	赤色を点灯する

図 1・5　信号点灯の流れ

　実際の交差点では，車を交互に通行させたり，スクランブル交差点や歩車分離交差点のように，人のみを通行させたりする．また，押しボタン式信号では，押された側の歩行者信号を青に切り換えたり，車側の信号を青に切り換えたりするシステムもある．さらに，交通量に応じた点灯時間の変更制御などを行うものもある．シーケンス制御の詳細は，1-3 節（8 ページ）で示す．

❷ フィードバック制御

　フィードバック制御は，機械の制御では最も一般的な制御方式で，「とにかく一

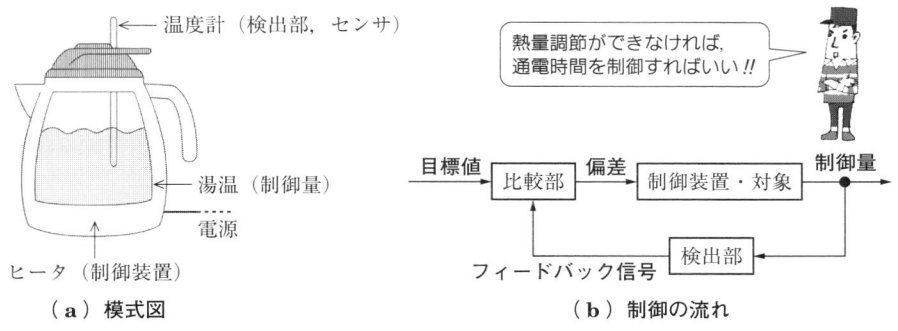

（ａ）模式図　　　　　　　　　　（ｂ）制御の流れ

図1・6　電気保温ポットの保温の流れ

度試みて，その結果，手直しをしていく」という制御方式である．**図1・6**（a）の電気保温ポットの例で考えてみよう．電気保温ポットに水を入れ，ヒータに通電する．その後，湯温（制御量）を測定（検出，フィードバック）し，設定温度より高ければ通電を止め，自然冷却し，設定温度より低くなれば通電して加温するように指令する．

　このため，外乱（制御を乱そうとする外的要因：電気保温ポットでは，外気温度とその変化など）があっても，制御結果が影響されない特長がある．図1・6（a）を流れ図的に示したのが同図（b）のブロック線図である．フィードバック制御の詳細は，1-4節（12ページ）で示す．

❸ フィードフォワード制御

　前述したフィードバック制御は，制御量を常に検出し，制御に反映しているため，予測できないような外乱に強い反面，制御時間が長くなる欠点がある．例えば，外乱がほとんどない制御系や，外乱が経験から予測できるような場合，あえてフィードバックする必要はないはずである．このような場合，あらかじめ予測できる外乱を想定して，目標値を定めておけばすばやい制御が期待できる．この方式が**フィードフォワード制御**である．

　図1・6の例で示すと，常に湯温を測定しながら火力を調節するのではなく，過去の経験から季節や使用する地域，昼夜などの時間で判断し，通電・加温時間をあらかじめ決めておくという制御がフィードフォワード制御である．機器ではないが，人間が物をつかむときも，経験を活かしたフィードフォワード制御に近い調節が行われている．

④ プロセス制御

　プロセス制御とは，原油から灯油，軽油やガソリンなどを精製している精製工場や化学工業などのプラントで行われている制御方式である．**図1·7**に示す2種類（A，B）の材料から合成材料Cを化学反応で得るとき，反応結果である純度や濃度などで瞬時にフィードバックすることはできない．そこで，反応結果（純度や濃度）に影響すると考えられる液量，温度や圧力などを制御量としたフィードバック制御を部分的に行い，プラント全体としては，自動運転を可能とし，反応結果である製品の純度や濃度も目標どおりになるようにする．この制御法を**プロセス制御**という．

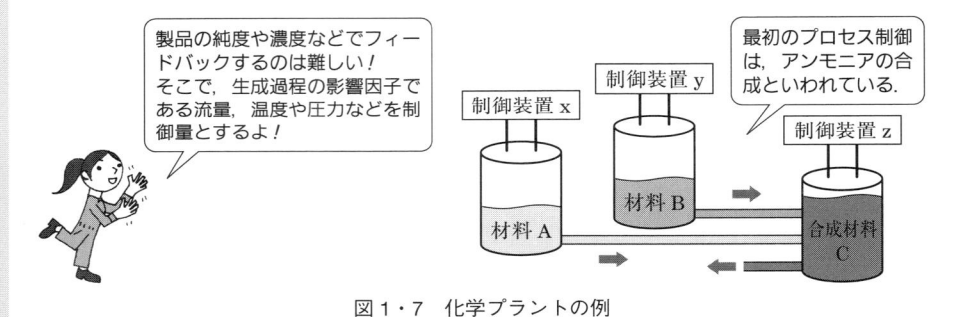

図1·7　化学プラントの例

⑤ コンピュータ制御

　一般の機器・装置の制御では，コンピュータ（**図1·8**のMPUを用いたマイコンやPCなど）は必ずしも必要ない．しかしながら，より正確・精密な制御や複数の機器の統一した制御が必要な場合，コンピュータによる制御が不可欠になることが多い．

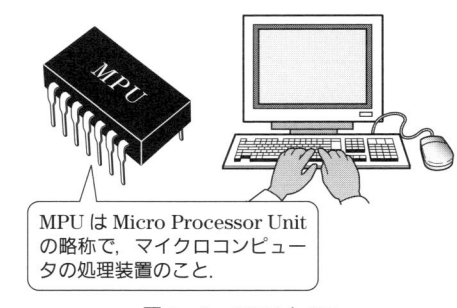

図1·8　MPUとPC

　コンピュータ制御での注意点は，多くの場合，扱える信号がディジタル信号（離散量）であるということである．シーケンス制御では，オン–オフ制御が多いので利用しやすいが，フィードバック制御では，電圧，電流や変位などのアナログ信号（連続量）を扱っているため，コンピュータで扱うためにはアナログ

信号からディジタル信号に変換する装置（**A/D変換器**）や，その逆の**D/A変換器**などが必要となる．

　コンピュータ制御の利点は，制御の主体がソフトウェア（プログラム）なので，制御内容の随時変更や複雑な制御が容易なことである．そのため，現在では多くの機器・装置にコンピュータ制御が使われており，現在のロボットや自動車などはコンピュータ制御のかたまりといってもよい．

❻　ファジー制御

　"ファジー（fuzzy）"とは，「ぼやけた」という意味である．通常の制御では，"0"と"1"を基本にしたディジタル的な考えによることが多く，設定値より"やや多い"や"やや少ない"という考え方はない．しかし，**ファジー制御**は人の感覚的な表現であり，アナログ的な"やや汚れた"とか"やや多い"や"やや少ない"というようなあいまいな考え方をファジー理論にもとづき導入したものである．

　全自動洗濯機は，シーケンス制御の代表的なものでもあるが，一部ではファジー制御が応用されている．また，炊飯器，エアコンやトイレの自動洗浄システムなどにも応用されている．

❼　ロバスト制御

　"ロバスト（robust）"とは，「強健な」とか「頑丈な」という意味である．**図1・9**は，一般的な自動車のサスペンション（懸架装置）機構の模式図である．サスペンションは，ばねとダッシュポットにより，車への振動を吸収している．しかし，このばねとダッシュポットの調節だけで，車の乗り心地と操作性を両立することは難しい．そこで，

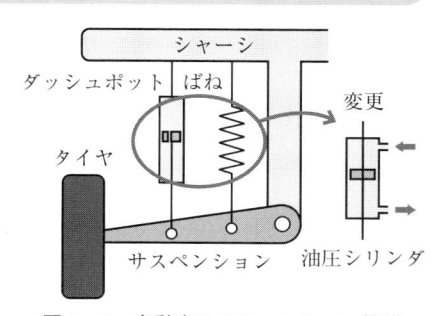

図1・9　自動車のサスペンション機構

これらのかわりに油圧シリンダ（図右）を用い，運転操作に応じてコンピュータ制御しているのが，**ロバスト制御**を利用したアクティブサスペンション機構である．

　ロバスト制御は，新幹線などのサスペンション機構，鉄鋼プロセス，モータなどの制御設計にも利用されている新しい制御法である．

1-3

シーケンス制御

Point

① シーケンス制御は，あらかじめ決めた順序や条件で実行する．
② シーケンス回路の基本は AND，OR，NOT 回路である．

❶ シーケンス制御とは

シーケンス制御は，所定の動作を，ある条件や時間で順番に実行していく制御方法である．生産工場の生産ライン，化学工場の材料搬入ラインや，工作機械などの工具交換などではよく用いられている制御法であり，身のまわりでは自動販売機，全自動洗濯機や交通信号などにも利用されている．また，機械やシステムの緊急時や故障時の対応処理，例えば，シャットダウン処理などにもシーケンス制御が使われている．これは従来，**リレー**（電気回路のスイッチの開閉を別の電気回路によって自動的に行う装置）の組合せで構成されていたが，最近は専用のコントローラである**シーケンサ**（プログラム・コントローラ）が使われることが多くなっている．

一つの理由として，リレーでは，実際の制御回路を配線してハードウェアとして回路を組み立てるが，シーケンサでは，ソフトウェアの形で制御回路を組み立てるため，手順変更が，プログラムの変更だけで済む便利さがある．

❷ 基本回路

シーケンス制御の手順を細分化すると，オンかオフ，あるいは，0 か 1 というようなディジタル的な 2 値論理の組合せとなる．すなわちシーケンス制御では，**AND**（論理積）**回路**，**OR**（論理和）**回路**，**NOT**（論理否定）**回路**の三つが基本となっている．これらの回路はオンとオフの単純な組合せであるが，これらを組み合わせることで，複雑な論理回路を構成することができる．**図 1·10** に基本回路のリレースイッチ図を示す．

● 1　AND（論理積）回路

二つのスイッチを直列に配置し，スイッチの両方がオンの場合にだけ動作できるようにする回路である．

● 2　OR（論理和）回路

二つのスイッチを並列に配置し，どちらか一方がオンであれば動作できるようにする回路である．

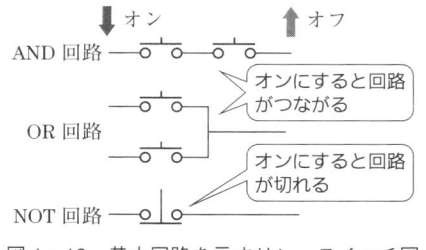

図1・10　基本回路を示すリレースイッチ図

● 3　NOT（論理否定）回路

スイッチがオフのとき，回路はつながっていて動作しているが，スイッチをオンにすると，動作が停止する回路である．

③　制御の構成

シーケンス制御は**図1・11**に示すように，命令処理部，操作部，制御対象および検出部の四つで構成されている．各構成部の役割を自動販売機の例で説明する．

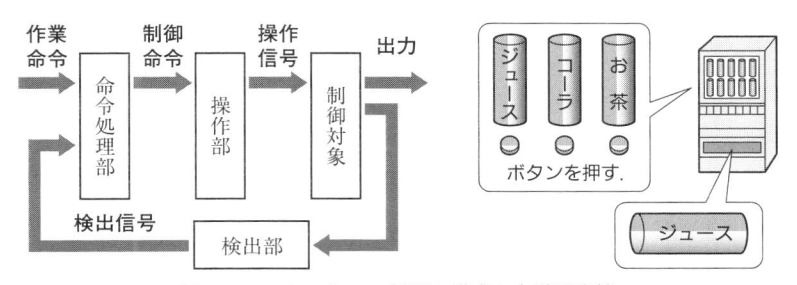

図1・11　シーケンス制御の構成と自動販売機

● 1　命令処理部

自動販売機の場合，押された商品ボタンに応じて，どの商品を排出すればよいのかを操作部に指示する．つまり，**命令処理部**は，押されたスイッチに応じて次の命令（検出部の結果に応じた制御命令）を指示する部分である．

● 2　操作部

続いて，該当商品のストッパやアジャスタなどを動作させる．つまり，**操作部**は，命令処理部からの制御命令を受けて，駆動装置を適切に動作させる部分である．操作信号は，制御対象を直接制御するために，制御命令を増幅・変換（電気信号，変位，油圧・空気圧など）した信号や動作である．

● 3　制御対象

　自動販売機の場合，取出口に商品を排出することが制御対象の動作である．つまり，**制御対象**とは，操作部の結果を受けて実際に行われる，「機械としての動作」のことである．

● 4　検出部

　自動販売機の場合，投入された金額やどの商品のボタンが押されたかなどを判断して，その結果を命令処理部に伝えるのが検出部である．つまり，**検出部**は機械を動作させる条件の判断をする部分である．

❹　制御判断の種類

　シーケンス制御の各構成部で実行されている制御は，それぞれ順序制御，条件制御，時間制御・計数制御の組合せで行われている．

● 1　順序制御

　順序制御は，シーケンス制御の基本である機械の動作を「どのような順番で実行するか」という順序にかかわる制御である．自動販売機では，販売品の有無の確認，金銭の投入，販売品の選択，品物の排出，次の準備というような順序となる．

● 2　条件制御

　条件制御は，所定の動作を確実に実行させるための条件を定め，その条件が成立するまで機械を動かさないための制御である．販売品の有無，釣り銭の有無，一つの販売品に関して一連の動作が可能かどうか，などの条件がある（**図1・12**）．

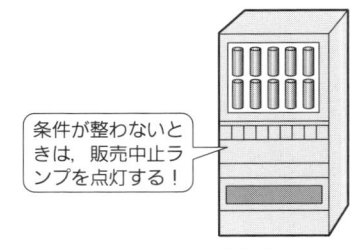

条件が整わないときは，販売中止ランプを点灯する！

図1・12　条件制御

● 3　時間制御・計数制御

　時間制御・計数制御は，時刻，経過時間，個数や実行回数など，時間や計数によって機械を制御するものである．例えば，自動販売機の場合，ある商品では，挽く・蒸す・ドリップする時間が必要であったり，ある時刻になると販売を中止したり，同じものを一度に複数個購入できるようにしたりなどが考えられる．また，自動洗濯機では，洗い時間，すすぎ時間や脱水時間などの制御が該当する．

　以上の説明からわかるようにシーケンス制御は，オンかオフか，および条件などを順次組み合わせてつくるソフトウェア的な制御である．自動制御としては重

要な1項目であるが，本書では，電源を入れたとき，あるいは目標値を変更したとき，「機械がどのような時間的変化をするか」，また，「時間的変化に影響を与えている因子はなにか」などを扱うことに主眼を置いているので，シーケンス制御の説明はこの程度とする．

COLUMN　シーケンス制御とフィードバック制御の違い ·························

【シーケンス制御】

動作原理：図 **1·13** に示すようにタンクの水位の上限と下限にリミットスイッチを設け，水位が下限になると水道の水栓が開き，上限になると水道の水栓が閉まる．

現象：流量が $Q_1 > Q_2$ であれば，水位は上限と下限の間で上下する．上下限のリミットスイッチを互いに近づければ，水位が大きく上下動しないようにできそうであるが，実際はリミットスイッチや水栓の感度と流量の大きさにより，制御の精度は左右される．

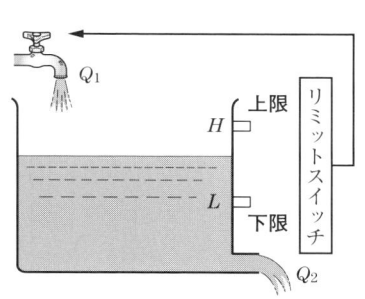

図1·13　スイッチによる液面制御

【フィードバック制御】

動作原理：図 **1·14** に示すようにタンクの水位の上限を目標値としたレベルセンサを設置する．目標値よりも水位が下がると，水道の水栓が開き，目標値に近づくと水栓はしぼられ，最終的には閉じる．

現象：流量が $Q_1 > Q_2$ であれば，水位は上限（目標値）とそのやや下の水位間で上下する．センサの感度や水栓の感度や流量により，より精度の高い制御が期待できる．

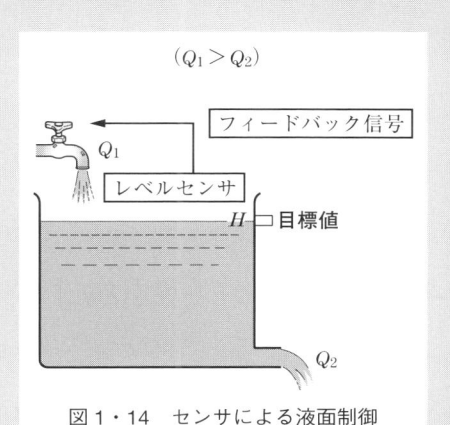

図1·14　センサによる液面制御

1-4

フィードバック制御

とりあえずやってみて 過ぎたれば 戻ればよい

❶ フィードバック制御は，「過ぎたら戻ればよい」という考え方である．
❷ フィードバック制御は，外からの乱れにも強さを発揮する．

1 フィードバック制御

身のまわりにある風呂や電気保温ポットなどを思い浮かべながら，温度制御を考えてみよう．

風呂の適温は一般的に $40 \pm 2°C$ 程度である．また，電気ポットの設定温度は，主に湯を何に使うか（赤ちゃんのミルクをつくるのか，煎茶を入れるのか，あるいはカップ麺などに使うのか）により幅広く設定されている．おおよそ $60 \sim 98°C$ で実際，市販の電気保温ポットでは一般的に $2 \sim 3$ 段階の温度設定が可能である．

図 1・15 に示す風呂の模式図を例にあげて具体的に考えてみよう．目標値（設定温度）は風呂の湯温，例えば $41°C$ とする．制御装置は風呂釜（給湯器・追焚き機能と考えてもよい），操作量は火力（追焚き），制御対象は風呂（風呂の湯温），制御量は湯温である．

いま，湯温が $39°C$ に下がったとすると，

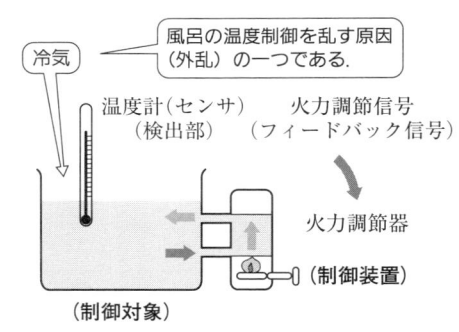

図1・15 風呂を沸かす流れ

$$偏差＝（目標値－制御量）＝（41°C－39°C）＝2°C$$

の温度差を少なくするような，つまり火力を強く（追焚き）するような信号が制御装置に送られる．次の測定で，$40°C$ となった場合，

$$偏差＝（目標値－制御量）＝（41°C－40°C）＝1°C$$

と温度差が少なくなったので，火力をやや弱く，しかし，加熱（追焚き）を続けるような信号が制御装置に送られる．このような信号の流れは，理論的に風呂の

湯温（制御量）が 41℃ になったとき，

$$偏差＝（目標値－制御量）＝（41℃－41℃）＝0℃$$

となり，火力は 0，すなわち，火（追焚き）は止められることになる．そして湯温が下がると，また，点火され，湯温は上昇するというものである．

次に，図 1・15 にも示した湯温制御を乱す冷気が吹き込む場合などを考えてみよう．このように，操作量とは無関係に外から制御対象に及ぼす影響を**外乱**という．この場合の外乱には，春夏秋冬の気温変化，1 日の中での気温変化，水道水の温度変化や浴室の戸の開閉による温度変化などが考えられる．これらの外乱のある状況で，一定の火力や燃焼時間だけを用いるフィードフォワード制御で適切な風呂の湯温を保つのは不可能である．

しかしながら，フィードバック制御は，制御量と目標値を絶えず比較しているため，制御系に外乱（ノイズ）があっても最終的な制御量が影響を受けない方法である．また，フィードバック制御であれば，途中で目標温度を 41℃ から 42℃ などに変化させても制御が可能である．このようにフィードバック制御は，外乱や目標値の変更にも対応できる方法なので，機械の制御において重要な役割を果たしている．

図 1・15 の外乱を含め，制御の流れを記号的に示したものが**図 1・16** である．制御ではよく用いられるこの図を，ブロック線図と呼ぶ．詳細は第 4 章（66 ページ）で説明する．

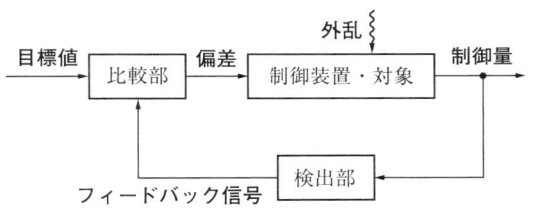

図 1・16　外乱のある風呂を沸かす流れ

❷　機械制御の誕生

系統的な機械制御の起点といわれているのは，**図 1・17** に示す産業革命時のワット（J. Watt）の遠心調速機（ガバナ）である．

図 1・2 に示したような蒸気機関のままでは，制御系がないため負荷や装置全体の適切な回転を維持することはできない．そこで，蒸気の流入量を制御（弁を開閉）するために，図 1・17 の左上側のような調速機（制御装置）が考えられた．

いま，同図の蒸気機関に蒸気が流入し，蒸気機関が回転速度 N で回転しているとする．蒸気機関の回転は，歯車やベルト車などで調速機に伝えられ，おもり A

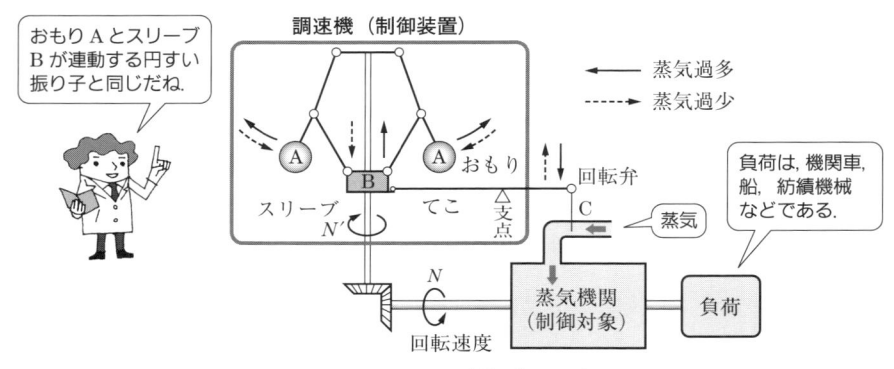

図 1・17　ワットの遠心調速機（ガバナ）の模式図

は遠心力によって外側に開いて遠心力とおもり A にかかる重力が平衡している．いま，なんらかの原因で蒸気の流入量が増加すると，回転速度 N が増大する．同時に，調速機の回転速度 N' も速くなり，遠心力が大きくなって，おもり A がより外側へ開き，スリーブ B は上方へ移動する．スリーブ B が上方へ移動すると，スリーブと“てこ”でつながっている弁（バルブ）C は下降し（閉じ），蒸気機関に流入する蒸気が減少し，蒸気機関の回転速度が下がる．一方，蒸気機関の回転速度が下がった場合，上記の説明とは逆の動作となり，今度は蒸気機関の回転速度が上がる．つまり，この調速機では，おもり A の重さと取付位置，てこの長さなどが，蒸気機関の維持する回転速度に影響する．この場合の回転速度のように，目標値を一定に保つ制御を**定値制御**という．

❸ サーボ機構

図 1・3 で示した車のステアリング機構において，より小さい力でハンドルを回せるようにするには，伝達機構の歯車比を大きくしたり，ハンドル径を大きくしたりすることも考えられる．しかし，これには限界がある．そこで，応用されている例が，油圧サーボ機構（**図 1・18**）である．

同図において，右側のレバーが QP で平衡（スプールが圧油の出入口をふさいで，圧油はアクチュエータへ流入できない）しているとする．レバーの Q 部を Q′（その後，Q′ で固定）に移動した場合，スプールとピストンの大きさ（断面積）の比率から，ピストンは移動しにくいので，P 点を支点として，レバーは Q′P のように移動する（①）．スプールの移動により，圧油はスプールの左側からアク

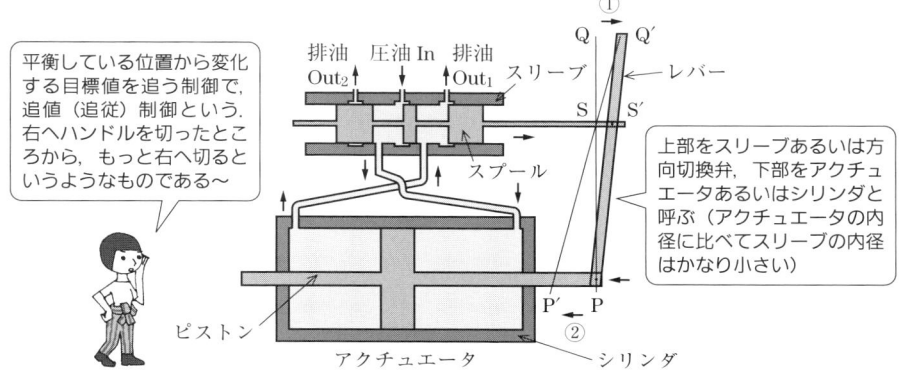

図1・18　油圧サーボ機構（油圧式パワーアシスト装置の例）

チュエータの右側へ流れ、その結果、アクチュエータのピストンロッドは左方向へ移動する。このとき、ピストンの移動時の油圧を p〔Pa〕、ピストンの受圧面積を A〔m²〕とすると、大きな力 $F = Ap$〔N〕が発生する。こうしてピストンロッドの移動にともない、レバーは、Q′P から Q′P′ へ移動（②）し、スプールは S′ からもとの位置 S へ移動し、圧油はアクチュエータに流入しなくなり、アクチュエータは停止する。つまり、この機構を用いると、小さな力を呼び水として、大きな力を発生することができる。この機構は、古くは大型蒸気船の方向舵を動かすのに用いられていたが、その後、自動車のパワーステアリング装置などにも応用された。

　サーボ機構とは、**表1・1**に示すとおり、位置や角度を制御量とするフィードバック制御のことである。同じフィードバック制御でも温度、湿度、圧力などを制御量とするものは**プロセス制御**という。

表1・1　制御量によるフィードバック制御の分類

制御系	制御量
サーボ機構	位置，角度など
プロセス制御	温度，湿度，圧力，液量，液面など

　第2章以降では、フィードバック制御の理解をより深めるために必要な解析方法、ブロック線図の用法、過渡応答、周波数応答などについて学ぶ。

章 末 問 題

問題 1 「飲みものが入っているコップを素手でつかむ」という動作を制御の観点から，それに当てはまる点について述べなさい．

問題 2 シーケンス制御は，大きく分けると，命令処理部，操作部，制御対象，検出部の四つで構成されている．全自動洗濯機を例に，シーケンス制御の各構成部に該当する動作について述べなさい．

問題 3 シーケンス制御とフィードバック制御の違いを説明しなさい．

問題 4 シーケンス制御の構成要素である，順序制御，条件制御，時間制御・計数制御による判断が行われていると考えられる例を，それぞれの制御について三つずつ示しなさい．

問題 5 「ご飯を炊く」という行為を制御の観点から考え，その動作の流れと特徴について述べなさい．

問題 6 長い棒を手のひらに立ててバランスを保とうとする遊びを，制御の観点から考え，その動作と特徴について述べなさい．

第2章

自動制御の解析方法

　機械などを制御するためには，何（入力信号や操作量など）を，どのように，どの程度変化させたら，結果として何（出力信号や制御量など）が，どのように変化するのかを「時間的な」変化として把握することが必要である．

　この方法には，実験的方法と理論的方法がある．

　実験的方法は，実際の問題を検証できるので有用であるが，実物をつくる必要があるので，莫大な費用がかかる欠点もある．また，模型実験の場合，実際と同じ諸条件をつくることが難しい．

　一方，理論的方法は解決できる問題が単純なものにかぎられる欠点があるが，実際のかなり多くの問題について推定できる，有効で安価な手段でもある．

　本章では，線形問題にかぎられるが，制御などの理論的方法に用いられるラプラス変換の概要と，その利用方法について説明する．

2-1

線形と非線形

線形と 仮定することから始まる 制御の解析

Point
❶ 線形とは，重ね合わせができることと換言できる．
❷ 線形ならば，合成も分解もできる．

　線形とは，重ね合わせが可能であること，あるいは，互いの関係が比例する（直線関係がある）とも表現されている．簡単にいえば，入力（原因）や出力（結果）に「重ね合わせ」の関係が成り立つことである．一方，**非線形**とは，線形以外のものを指す．制御に限らず，非線形問題の解析は難しいことが多い．

　図2・1に示す長さ l_0 のばねに質量 m_1 をつるしたときの伸びを x_1，質量 m_2 をつるしたときの伸びを x_2 とすると，線形であれば二つの質量の和（$m_1 + m_2$）をつるした場合，伸びは二つの結果の和，$x_1 + x_2$ となることが推測できる．

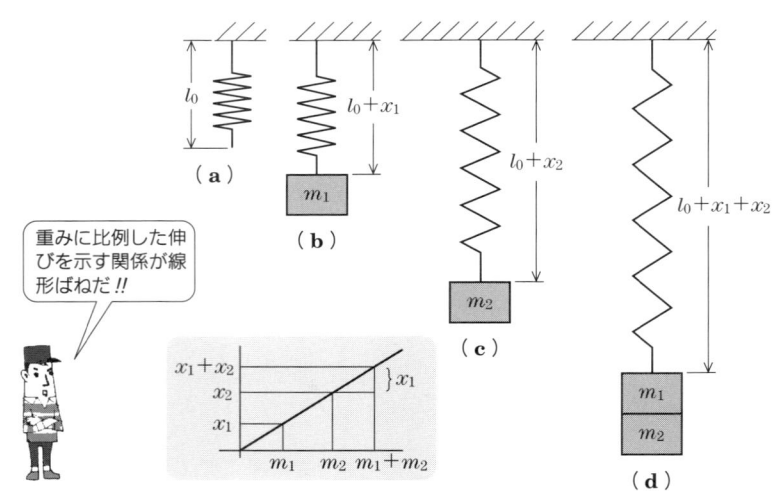

図2・1　質量−ばね系の重ね合わせ

　しかし，実際のばねを用い，無荷重の状態から荷重を加え，伸びきるまでの様子を調べると，**図2・2**のような変化をすることが知られている．

　図2・2（a）に示した荷重−伸び線図では，荷重を加え始めた部分と伸びきって

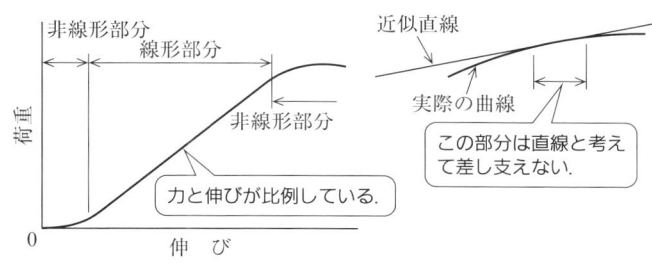

（a）ばねの荷重−伸び線図　　　（b）非線形部分の拡大

図2・2　ばねの荷重−伸び線図

しまう部分とでは，荷重と伸びの関係が直線的ではない．つまり，非線形である．一方で，図2・2（b）の非線形な範囲でも，狭い範囲であれば直線とみなして，線形と考えてよいともいえる．ここで，「狭い範囲」とは絶対的なものではなく，対象としているものの大きさで決まる相対的なもの，および，その精度・誤差の許容量などによって変わる．

　図2・3に示す質量−ばね系の振動では，通常，空気抵抗を無視し，一直線上で（図では上下に）振動すると仮定する．このように仮定することによって，線形の2階微分方程式として扱うことができ，理論的な解析が可能となるわけである．この解析結果を得ることができれば，その結果より，直線上からずれる振動状況もある程度推測できる利点がある．

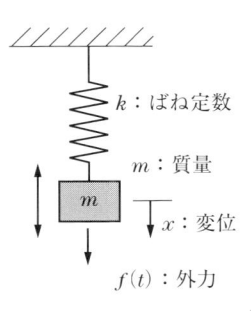
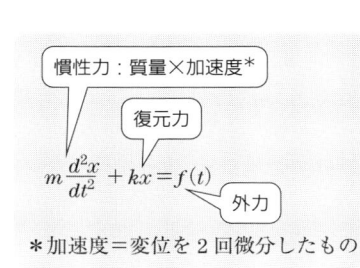

図2・3　質量−ばね系の振動

2-2

重ね合わせの考え方

······ 右の音 左の音と 合わせれば ステレオ

Point
❶ 全体の解析は，個別の解析の和として求める．
❷ 個別の解析からは，それぞれの特徴を理解できる．

図 2·4 に示す抵抗とコンデンサを直列接続した電気回路において，二つの入力電圧，$e_{i1}(t)$ と $e_{i2}(t)$ をそれぞれ加えたときの出力電圧を，それぞれ $e_{o1}(t)$ と $e_{o2}(t)$ とする．いま，これらの入力電圧や出力電圧（つまり，コンデンサの両端子間の電圧）は，それぞれ線形性があり，重ね合わせ（加法）の関係が成り立つとする．

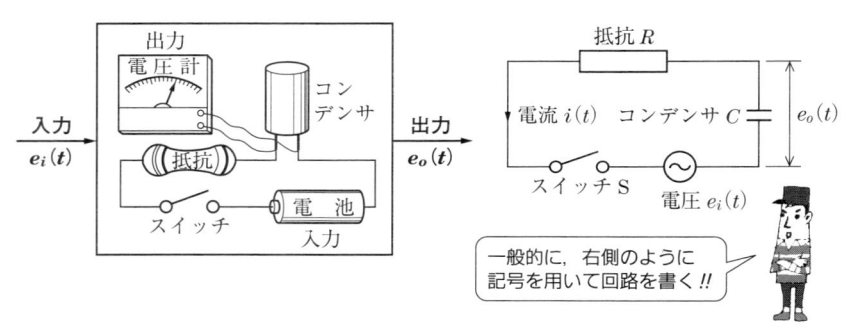

図 2・4　線形システムでの重ね合わせ

二つの入力電圧，$e_{i1}(t)$ と $e_{i2}(t)$ が線形性を示すということは，入力電圧が任意の時刻 T_0 のとき，

$$e_{i1}(T_0) = a, \quad e_{i2}(T_0) = b$$

とすれば，

$$e_{i3}(T_0) = e_{i1}(T_0) + e_{i2}(T_0) = a + b$$

が成り立つ（**図 2·5**）ということである．

また，このとき図 2·6 に示す出力電圧においても任意の時刻 T_0 のとき，

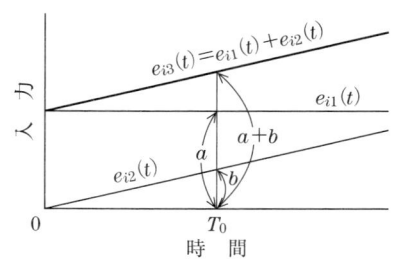

図 2・5　入力信号の重ね合わせ

$$e_{o1}(T_0) = f, \qquad e_{o2}(T_0) = g$$

とすれば，

$$e_{o3}(T_0) = e_{o1}(T_0) + e_{o2}(T_0) = f + g$$

が成り立つ．さらに，図2・5の重ね合わせ合成入力電圧である $e_{i3}(t)$ が回路に入力されたときも，図2・6に示す出力の $e_{o3}(t)$ が出力となる．

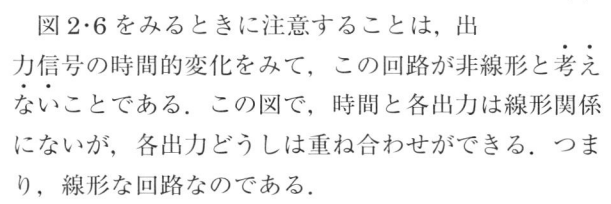

図2・6　出力信号の重ね合わせ

図2・6をみるときに注意することは，出力信号の時間的変化をみて，この回路が非線形と考え・ないことである．この図で，時間と各出力は線形関係にないが，各出力どうしは重ね合わせができる．つまり，線形な回路なのである．

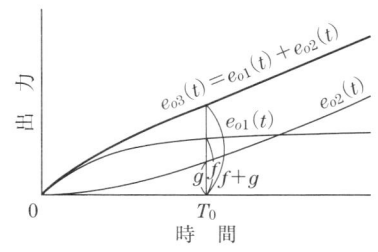

個別に求めることも，逆に合計から差し引くこともできる．有益なほうを使えばいいよね～．

なお，制御システムが非線形の場合であっても，そのシステムを線形近似して扱い，問題を解析することも多い．これは，実際の問題では近似的に線形問題を解くことで多くの制御特性が理解できることや，システムを線形近似した解を利用し，非線形問題のいくつかの実態が推定できるからである．

 **2-1**　次に示す式で，x と y の関係が線形なものはどれか．

(1) $y = 5x$　　(2) $y = 5\sqrt{x}$

解答

(1) $x = x_1$ で，$y = y_1$ とし，$x = x_2$ で，$y = y_2$ とすると，$y_1 = 5x_1$，$y_2 = 5x_2$ となる．そこで，$x = x_1 + x_2$ での y の値を求めると

$$y = 5(x_1 + x_2) = 5x_1 + 5x_2 = y_1 + y_2$$

となるので，線形である．

(2) (1) と同じく，$x = x_1$ で，$y = y_1$ とし，$x = x_2$ で，$y = y_2$ とすると，$y_1 = 5\sqrt{x_1}$，$y_2 = 5\sqrt{x_2}$ となる．そこで，$x = x_1 + x_2$ での y の値を求めると

$$y = 5\sqrt{(x_1 + x_2)} \neq 5\sqrt{x_1} + 5\sqrt{x_2} = y_1 + y_2$$

となり，重ね合わせが成り立たない．

つまり，線形ではないので，非線形である．

2-3

ラプラス変換の定義

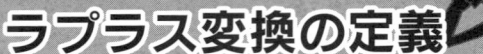

ラプラスが いざなう先は エス（s）の国

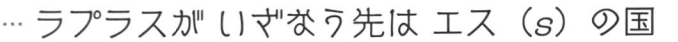

Point
1. ラプラス変換で，関数は $t > 0$ で与えられる．$t \leqq 0$ では 0 と考える．
2. ラプラス変換は，関数に e^{-st} をかけて定積分を行う．

 **ラプラス変換の定義**

19 ページの図 2・3 に示したばねの振動問題でもわかるように，時間で変化する動きのある問題は，速度や加速度が関係するため，線形微分方程式となることが多い．線形微分方程式の解析手段の一つにラプラス変換がある．ラプラス変換を用いると，微分方程式は簡単な加減乗除の式（代数計算）に変換することができる．

とくに，自動制御の分野では，ラプラス変換は制御系の時間的変動（過渡現象）を知るための有用な道具でもある．

また，ラプラス変換は，後述する制御系の伝達関数や周波数応答を求めるためにも使われる．ここではラプラス変換の方法とそれにもとづく簡単な計算を学ぶ．

まず，変数 $t > 0$ において定義された関数 $x(t)$ について，定積分

> ラプラス変換を行うという記号表示である．

$$X(\mathrm{s}) = \int_0^\infty x(t)e^{-st}dt = \mathcal{L}\{x(t)\}$$

> $t \leqq 0$ においては，$x(t) = 0$ と考えればよい．

「難しそう…」だけど，実際の制御では変換表を用いるので安心！

が存在するとき，$X(s)$ を $x(t)$ の**ラプラス変換**と定義している．ここで，$x(t)$ を**原関数**といい，通常，小文字の関数名で表し，$X(s)$ を $x(t)$ の**像関数**といい，大文字で表記する．また，変数 s は一般に複素数である．

実際の機械やその動作では，機械のスイッチを入れた時刻，あるいは計測を開始した時刻を 0 として考える各種の制御動作が，ラプラス変換の定義（$t > 0$ で原関数が定義される）に一致しているという点で，機械制御でラプラス変換を利用する一因ともなっている．

❷ ラプラス変換の計算法

　制御で用いるラプラス変換の多くは，難しい計算をすることなくラプラス変換表（付録 2，205 ページ）を利用するのが大半である．とはいえ，基本的な変換方法を知っておくと，式の変形を理解するために有効であるので，ここでは，いくつかの例題を実際に解いてみる．

2-2　　次の関数のラプラス変換を求めなさい．
$$x(t) = a \quad (定数) \qquad (t>0)$$

解 答　$x(t) = a$（定数）であるので，ラプラス変換の定義式より

$$\mathcal{L}\{a\} = \int_0^\infty a e^{-st} dt$$

> 定数 a は，直接，積分と関係しないので積分記号の前に出せる．

$$= a \int_0^\infty e^{-st} dt$$

$$= a \left[-\frac{1}{s} e^{-st} \right]_0^\infty$$

$$= \frac{a}{s}$$

> $\int e^{xt} dt = \dfrac{e^{xt}}{x}$，
> $[e^{-t}]_0^\infty = -1$ と覚えよう．

のように求めることができる．

2-3　　次の関数のラプラス変換を求めなさい．
$$x(t) = e^{-at} \qquad (t>0)$$

解 答　$x(t) = e^{-at} (t>0)$ であるので，ラプラス変換の定義式より

$$\mathcal{L}\{e^{-at}\} = \int_0^\infty e^{-at} e^{-st} dt$$

$$= \int_0^\infty e^{-(a+s)t} dt$$

> 指数法則でまとめる

$$= \left[-\frac{1}{s+a} e^{-(a+s)t} \right]_0^\infty$$

> あとは，上の例題と同じ

$$= \frac{1}{s+a}$$

> s は複素数であるが，いまは定数と思えばよい．

のように求めることができる．

2-4

ラプラス変換の基本法則

$\cdots\cdots\cdots\cdots\cdots\cdots$ t と s，法則知れば より便利

Point

❶ $t \to 0$ と $s \to \infty$，$t \to \infty$ と $s \to 0$ が対応する．

❷ 微分も積分もラプラス変換はかけ算と割り算の組合せとなる．

ラプラス変換を利用するうえで，重要と思われる基本法則を**表 2・1** に示し，その概要を説明する．

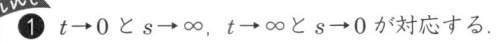

表 2・1　ラプラス変換の基本法則

項　目	公　式
線形性	$\mathcal{L}\{ax_1(t) \pm bx_2(t)\} = aX_1(s) \pm bX_2(s)$
	$\mathcal{L}\{ax(t)\} = a\mathcal{L}\{x(t)\} = aX(s)$
微　分	$\mathcal{L}\{x'(t)\} = sX(s) - x(0)$
	$\mathcal{L}\{x''(t)\} = s^2X(s) - sx(0) - x'(0)$
積　分	$\mathcal{L}\left\{\int_0^t x(\tau)d\tau\right\} = \dfrac{1}{s}X(s)$
t 領域での移動	$\mathcal{L}\{x(t-L)\} = e^{-sL}X(s) \qquad (L>0)$
s 領域での移動	$\mathcal{L}\{e^{-at}x(t)\} = X(s+a)$
最終値の一致	$\displaystyle\lim_{t \to \infty} x(t) = \lim_{s \to 0} sX(s)$
初期値の一致	$\displaystyle\lim_{t \to 0} x(t) = \lim_{s \to \infty} sX(s)$
たたみこみ積分	$\mathcal{L}\left\{\int_0^t x_1(t-\tau)\,x_2(\tau)d\tau\right\} = X_1(s)\,X_2(s)$

表 2・1 で，$x(t)$，$x_1(t)$，$x_2(t)$ のそれぞれのラプラス変換が $X(s)$，$X_1(s)$，$X_2(s)$ である．また，$x'(t)$，$x''(t)$ は $x(t)$ を t について，それぞれ 1 回，2 回微分した関数を指す．ただし，$x(0)$，$x'(0)$ はそれぞれの初期値（$t = 0$ のときの値）である．

❶ 線形性

ラプラス変換は，そもそも関数に線形性がある場合に定義される．また，ラプ

ラス変換後についても線形性は成り立つ．つまり，原関数の状態での足し算や引き算の結果からラプラス変換した像関数と，それぞれの原関数から求めた像関数どうしの足し算や引き算した結果は同じである．

原関数を定数倍して求めた像関数と，原関数から像関数を求めた後に定数倍したものも同じになる．

② 微分と積分

原関数を微分した関数，あるいは原関数の時刻 t までの定積分を行った関数のラプラス変換は，原関数から求めた像関数に s をかける（かける回数は微分する回数と同じ），あるいは原関数から求めた像関数を s で割る（割る回数は積分する回数と同じ）ことにより求められる．つまり，ラプラス変換の世界では，像関数に s をかけることは，かけた回数だけ原関数を微分したことになり，s で割ることは，割った回数だけ原関数を積分したことになる．

機械系の問題では，速度や加速度，つまり1回微分したものや2回微分したものを含むことが多く，この法則は便利だ*!!*

③ 移　動

ここで，**移動**とは原関数での $x(t-L)$ や像関数での $X(s+a)$ のようなものを指す．前者は t 領域での移動（平行移動）であり，後者は s 領域での移動である．

$x(t)$ のラプラス変換を $X(s)$ とするとき，$x(t-L)$ のラプラス変換は，$e^{-sL}X(s)$ として求めることができる．$x(t-L)$ は，$x(t)$ の図を L だけ右側へ移動させたもので，実際の問題としては，ある現象が L だけ遅れて生ずる系（むだ時間要素）を意味している．このような原関数の移動に対しての像関数の移動公式は，ラプラス逆変換（像関数から原関数を求める）に有用である．

④ 最終値の一致

$x(t)$ の $t \to \infty$（時間が経過して落ち着いたころという意味）での値は定常状態（後述，88 ページ参照）での原関数の値であり，制御を考えるうえで重要な値の一つである．

しかしながら，制御では，像関数 $X(s)$ が既知で，原関数 $x(t)$ は未知のことも多い．そこで，用いられるのが，この**最終値の一致**法則である．$X(s)$ に s をかけた後，$s \to 0$ とすると，$x(t)$ の $t \to \infty$ での値が求められる．

❺ 初期値の一致

　この法則は「最終値の一致」と対をなすもので，原関数 $x(t)$ の $t \to 0$ での値（初期値）を求めるのに用いられる．像関数 $X(s)$ が既知で，原関数 $x(t)$ は未知のとき，この**初期値の一致**法則を用いる．$X(s)$ に s を乗じた後，$s \to \infty$ とすると，$x(t)$ の $t \to 0$ での値 $x(0)$ が求められる．

❻ たたみこみ積分

　コンボリューション（convolution）や**相乗**ともいい，制御では有用な法則である．

　制御では，入力 $x(t)$ を与えたときの出力 $y(t)$ を次のような手順で求める．ただし，伝達関数を $G(s)$ とする．

　①　入力 $x(t)$ から，そのラプラス変換 $X(s)$ を求める．
　②　$Y(s) = G(s) X(s)$ として，$y(t)$ のラプラス変換である $Y(s)$ を求める．
　③　$Y(s)$ をラプラス逆変換して，$y(t)$ を求める．

　一方，**たたみこみ積分**法則を用いると，

$$④ \quad y(t) = \int_0^t x(t-\tau)g(\tau)d\tau$$
$$= \int_0^t g(t-\tau)x(\tau)d\tau$$

後述する基本要素の $x(t)$ や $G(s)$ は比較的単純なものなので，理論的に制御を扱うとき，この公式は便利〜．

として，出力 $y(t)$ を求めることができる．

　制御系では，出力 $y(t)$ を求めることが重要である．要するに，①から③の手順でラプラス逆変換（後述）をすることと，④の積分の結果が等しいということである．④は積分なのでやさしいとはいえないが，少なくともラプラス逆変換（後述）の複素数の積分よりも簡単である．

2-4 m と k を定数とし，次のような初期条件のもと，微分方程式の一部をラプラス変換しなさい．

$$mx''(t) + kx(t) \quad （初期条件：x(0) = x'(0) = 0）$$

解答 この例題は，**図 2・7** のような質量−ばね系の振動問題で扱われる微分方程式の外力項を除いた部分である．

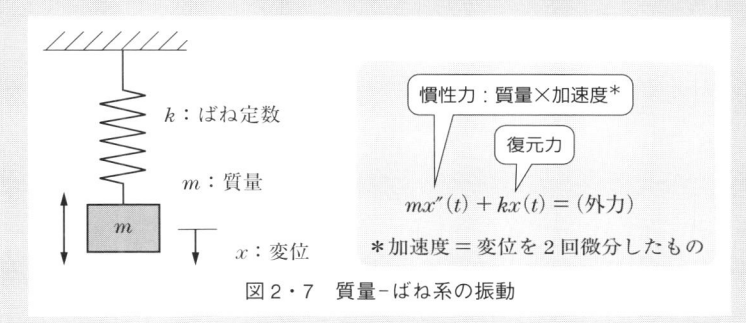

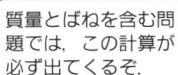

慣性力：質量×加速度*

復元力

$$mx''(t) + kx(t) = （外力）$$

*加速度 = 変位を 2 回微分したもの

図 2・7　質量−ばね系の振動

表 2・1 の微分の項目より，$\mathcal{L}\{x(t)\} = X(s)$ とすると

$$\mathcal{L}\{x''(t)\} = s^2 X(s) - sx(0) - x'(0)$$
$$= s^2 X(s)$$

となる．ゆえに

$$\mathcal{L}\{mx''(t) + kx(t)\} = m\mathcal{L}\{x''(t)\} + k\mathcal{L}\{x(t)\}$$
$$= ms^2 X(s) + kX(s)$$
$$= (ms^2 + k) X(s)$$

となり，微分項が代数式に置き換えられる．

質量とばねを含む問題では，この計算が必ず出てくるぞ．

このようにラプラス変換を用いると，自動制御でよく見かける微分方程式も簡単な代数方程式に変換することができる．

実際の微分方程式であれば，右辺（図の外力に相当）もラプラス変換し，$X(s)$ を求め，ラプラス逆変換をすれば $x(t)$ が求められることになる．

2-5

ラプラス逆変換の定義

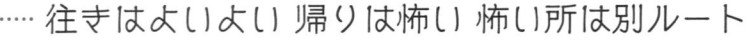

往きはよいよい 帰りは怖い 怖い所は別ルート

① ラプラス逆変換は，複素数の積分である．
② 定義にしたがったラプラス逆変換は難しいので，変換表を使う．

　前節で，原関数 $x(t)$ からその像関数である $X(s)$ が定義にしたがって計算できることを学んだ．また，ラプラス変換では，式中に含まれる微分や積分も s のかけ算や割り算に置き換えられ，微分方程式なども像関数および s の簡単な代数方程式に変換されるということも学んだ．

　一般に自動制御にかぎらず知りたいのは，像関数の $X(s)$ ではなく，現実の原関数 $x(t)$ である．そのため，$X(s)$ から $x(t)$ を求める方法を知る必要がある．この操作を**ラプラス逆変換**という．ここでは，ラプラス変換の定義と対をなすラプラス逆変換の定義を簡単に説明しておく．

　ラプラス逆変換は

$$x(t) = \frac{1}{2\pi j}\int_{\gamma-j\infty}^{\gamma+j\infty} X(s)e^{st}ds$$

> γ はギリシャ文字でガンマと読む．ここで γ は $X(s)$ のすべての特異点が γ の左側にくるようになる定数を表している．

$$= \frac{1}{2\pi j}\int_{\mathrm{Br}} X(s)e^{st}ds$$

> 上式はブロムウィッチの積分ともいわれ，積分記号に「Br」を付けて表示することもある．

$$= \mathcal{L}^{-1}\{X(s)\}$$

> 「ラプラス逆変換を行う」という記号表示で，逆という意味で，$\mathcal{L}$ に -1 を付けている．

と示される複素積分として定義されている．ここで，j は虚数単位（$j^2 = -1$）であり，γ は実数である．

　数学では虚数単位に i を用いているが，電流を扱う必要がある分野では，すでに電流を i で表している．そこで，電気を扱う必要のある工学分野では，虚数単位に i ではなく，j を用いるのである．これは，電気関係の分野で複素数を扱う必要があることが後になってわかったためである．それゆえ，さらに複素数について知るために数学の書籍を参照するときは虚数単位の i と，ここで用いる j とはまったく同じものとして扱えばよい．

ラプラス変換を定義式から計算することは，初歩的な積分方法を学習すればある程度可能であるが，ラプラス逆変換の積分は，複素数や留数の計算を相当学習しないと実際に計算することは難しい．

　本章では，ラプラス変換表（逆変換表）を利用して，ラプラス変換／ラプラス逆変換する手順やそのための計算に慣れることを目標としている．

前節では，ラプラス変換，本節ではラプラス逆変換の定義を示した．難しいけど興味がわいた諸君は専門書を参考にしてほしい．

重要なことは出力＞入力に対してどのようになるかを知ることなのだ*!!*
いまは，多くの方法を学ぼう*!!*

COLUMN　ギリシャ文字

　ギリシャ文字のアルファベットの標準的な表記を**表 2・2**に示す．ギリシャ文字を含む，脳波のアルファ（α）波，栄養素のベータ（β）カロテン，円周率のパイ（π）などの用語はよく知られている．

　一般的数式や図表などの記号に利用されている記号・文字は，古代ローマ人の母国語であったラテン語に由来する．英語のアルファベットであるが，それだけでは種類不足や区別しづらい場合にギリシャ文字を用いることが多い．

表 2・2　ギリシャ文字のアルファベット

大文字	小文字	読み方	大文字	小文字	読み方
A	α	アルファ	N	ν	ニュー
B	β	ベータ	Ξ	ξ	クシー，グザイ，クサイ
Γ	γ	ガンマ	O	o	オミクロン
Δ	δ	デルタ	Π	π	パイ
E	ε	イプシロン，エプシロン	P	ρ	ロー
Z	ζ	ツェータ，ゼータ	Σ	σ	シグマ
H	η	イータ，エータ	T	τ	タウ
Θ	θ, ϑ	シータ	Y	υ	ユプシロン，ウプシロン
I	ι	イオタ	Φ	ϕ, φ	ファイ
K	κ	カッパ	X	χ	カイ
Λ	λ	ラムダ	Ψ	ψ, ψ	プサイ，プシー
M	μ	ミュー	Ω	ω	オメガ

2-6

t-空間から s-空間へ

ふしぎの国の関所 通行手形は 変換表

Point
① ラプラス変換は, 基本的には変換表を用いて行う.
② 実際の計算では変換表に合わせて式を変形することが必要である.

❶ t-空間と s-空間の特徴

　原関数を $f(t)$ とし, そのラプラス変換で得られる像関数を $F(s)$ として, それぞれの変数である t と s について考えてみよう. なお, ラプラス変換が定義される t は, 通常, 正値 ($0 < t$) で考えられている変数である.

　機械の制御では, t は時間 (時刻) に対応されていて, 変位, ひずみ, 温度などの物理量の時間的変化として, 理解しやすいと思われる. 一方, ラプラス変換での s は一般に複素数 (α と β を実数として $s = \alpha + j\beta$) であり, $F(s)$ や s を実際の物理的現象と対応させることはできない. そのため, ラプラス変換自体も難しいものと思われがちである.

t-空間

① t を実際の時間 (時刻) と対応させることができるので理解しやすい.
② 方程式が複雑になると, 解析できないことが多い.
③ 積分など難しい計算が不可欠である.

ラプラス変換　ラプラス逆変換

s-空間

① s を実際の物理量に対応できない.
② 線形であれば理論的に解ける.
③ 計算は加減乗除 (代数計算) で十分である.

だから, 食わず嫌いはもったいないのである. 急がば, ラプラス変換へ回れですな〜.

図 2・8　ラプラス変換の考え方

多くの物理現象を理論的に扱う場合，時間（t−空間）に関する微分方程式（方程式の中に微分項を含むもの）や積分方程式（方程式の中に積分項を含むもの）の形式で表現されることが多い．しかし，一般に微分方程式や積分方程式を直接解くことは困難であり，また，それらの方程式を解くためには，数学の知識が必要である．

しかし，ラプラス変換した s−空間で扱えば，それらの方程式は代数方程式に置き換えられるのである．代数方程式の解は，加減乗除の演算によって容易に求められる．あとは，その解をラプラス逆変換すれば，t−空間での微分方程式や積分方程式が解けたことになるのである（**図2・8**）．

❷ s−空間の世界へ

2-3 節（22 ページ）では，ラプラス変換の定義式にしたがった計算を学んだが，ここでは，ラプラス変換の定義にもとづく計算ではなく，実用的にラプラス

表 2・3　ラプラス変換表の用い方

原関数 $f(t)$　$(0<t)$	像関数 $F(s)$
$1(0<t)$,　$u(t)$	$\dfrac{1}{s}$
t	$\dfrac{1}{s^2}$
t^2	$\dfrac{2}{s^3}$
$e^{-\alpha t}$	$\dfrac{1}{s+\alpha}$
$\sin \omega t$	$\dfrac{\omega}{s^2+\omega^2}$
$\cos \omega t$	$\dfrac{s}{s^2+\omega^2}$
$e^{-\alpha t}\sin \omega t$	$\dfrac{\omega}{(s+\alpha)^2+\omega^2}$
$e^{-\alpha t}\cos \omega t$	$\dfrac{s+\alpha}{(s+\alpha)^2+\omega^2}$

=== 左から右へ ➡ ラプラス変換 ===

> ラプラス変換を行う場合は左から右へ表を読む．

> $1(0<t)$ は $u(t)$ と表示することが多い．

> ラプラス逆変換は右から左へ表を読む．
> 逆変換をする式は，表の右側の形式に分解・整理すればよい．

ラプラス逆変換 ⬅ === 右から左へ ===

変換を行うための変換表の利用方法を学ぶ．**表2·3**にラプラス変換表の抜粋（詳しくは205ページ）を示す．

　基礎的な制御の問題解析で用いるラプラス変換の積分では，指数関数や三角関数を含んだ積分と部分積分の知識があれば十分である．

　しかし，ここではラプラス変換表を用いて，ラプラス変換およびラプラス逆変換を行うことに慣れるため，いくつかの例題を通してラプラス変換表の利用方法を学ぶ．

2-5　次の関数のラプラス変換を変換表を用いて求めなさい．
$$x(t) = 10 \qquad (t>0)$$

解答　変換表（表2·3参照）の原関数欄をみると，定数1のラプラス変換が載っている．そこで
$$x(t) = 10 \times 1$$
と考える．1のラプラス変換が $\dfrac{1}{s}$ であるので

$$\mathcal{L}\{x(t)\} = 10 \times \frac{1}{s} = \frac{10}{s}$$

となる．

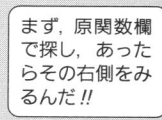

まず，原関数欄で探し，あったらその右側をみるんだ!!

2-6　次の関数のラプラス変換を変換表を用いて求めなさい．
$$x(t) = \sin 2t \qquad (t>0)$$

解答　変換表の原関数欄をみると，$\sin \omega t$ のラプラス変換が載っており

$$\frac{\omega}{s^2+\omega^2}$$

となっている．そこで，この問題では $\omega = 2$ と考えて

$$\mathcal{L}\{\sin 2t\} = \frac{2}{s^2+2^2} = \frac{2}{s^2+4}$$

となる．

2-7 次の関数のラプラス変換を変換表を用いて求めなさい.

$$x(t) = t(t-5) \qquad (t>0)$$

解答 変換表の原関数欄をみると, $t(t-5)$ という形式では表示されていない. そこで

$$t(t-5) = t^2 - 5t$$

というように展開する. すると, この展開式の各項, t^2 と t のラプラス変換は変換表にあることがわかる. 上式のラプラス変換は

$$\mathcal{L}\{t^2 - 5t\} = \mathcal{L}\{t^2\} - 5\mathcal{L}\{t\}$$
$$= \frac{2}{s^3} - \frac{5}{s^2}$$

となる.

ここでは, 与えられた原関数 $x(t)$ から, ラプラス変換表を用いてそのラプラス変換である像関数を求める例題を示した. 例題 2-5 は, 例題 2-2 (23 ページ) で $a=10$ としたときと同じである. 例題 2-5 と例題 2-6 は, ラプラス変換をする原関数 $x(t)$ をラプラス変換表 (表 2・3) から見つけ出し, 対応する表の右側の像関数を用いればよい. また, 例題 2-7 は, 原関数 $x(t)$ を表 2・3 にある形式の組合せに変形する問題である.

これらの例題からわかるように, たいていの問題はラプラス変換をする関数とラプラス変換表を見比べて, 関数をラプラス変換表にあるような形に展開あるいは変形することが必要である.

したがって, 式の展開や変形の手間を省くには, より多くの原関数のラプラス変換を載せている変換表が必要となる.

しかし, 自動制御の基礎的な段階で用いる関数は, 定数 a, t, t^2 などの代数関数, 三角関数や指数関数の組合せ程度であるので, 表 2・3 や 205 ページの付録 2 程度のラプラス変換表で十分である.

「原関数は時間 t の関数であるが, 像関数の s はなんだろう?」とかって考えずに, とにかく変換表にしたがって変換すること〜.

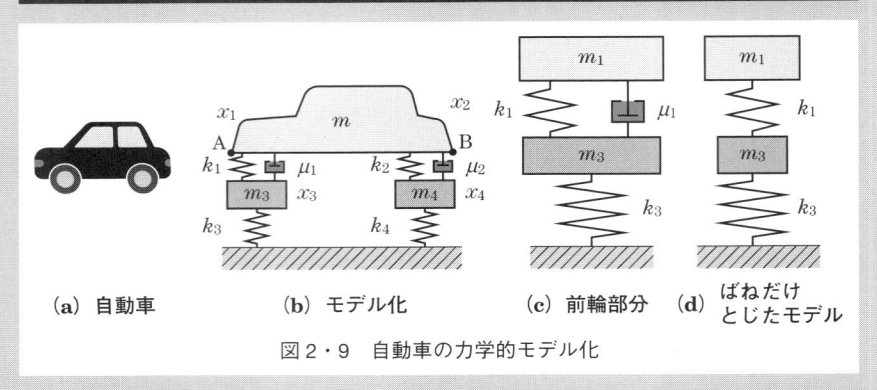

図 2・9　自動車の力学的モデル化

　図 2·9（a）の自動車は，同図（b）のように考えることができる．また，前輪部分を独立して考えると，同図（c）のようになり，より簡略化して，ばねだけで考えると，同図（d）のようになる．

　ここで，m は自動車の質量，m_1 は前輪に加わる相当質量，m_3 は前輪の質量，m_4 は後輪の質量である．

　また，k_1 は前ばねなどのばね定数，k_2 は後ろばねなどのばね定数，k_3 は前輪タイヤなどのばね定数，k_4 は後輪タイヤなどのばね定数，μ_1 は前輪ショックアブソーバなどの粘性抵抗係数，μ_2 は後輪ショックアブソーバなどの粘性抵抗係数，x_1 は点 A の変位，x_2 は点 B の変位，x_3 は前輪タイヤの変位，x_4 は後輪タイヤの変位を示している．

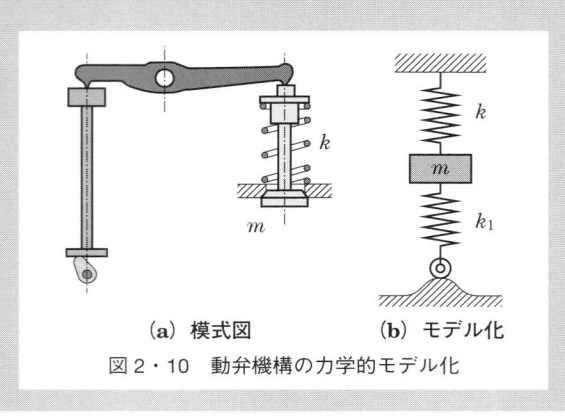

図 2・10　動弁機構の力学的モデル化

次に，**図 2·10** (a) に示すようなガソリンエンジンの動弁機構は同図 (b) のように モデル化することができる．ここで，m は弁の質量，k は弁押さえのばね定数，k_1 は弁からカムまでの部品の相当ばね定数である．

　電気系の場合では，実際に使われている抵抗 (R)，コンデンサ (C)，コイル (L) がモデル化に使用されてわかりやすい．一方，機械系のモデル化には，ねじ，歯車 や軸などの部品ではなく，ばね，質量とダッシュポットの 3 要素が用いられる．

　それゆえ，機械，器具や部品などの機械的特性を学ぶには，これらの 3 要素のさ まざまな組合せについて，その動特性をよく理解しておくことが有意義である．

COLUMN　自動運転システム ·······································

　法律上の問題，および車の運転の楽しみということを除けば，自動運転車は自動 車製造の究極の目標の一つといえる．

　目的地の設定をすれば，あとは自動的に車が動き出し，障害物を避け，交差点を 右左折・直進して目的地まで安全に走行してくれる．

　現在市販の自動車には，カーナビゲーションシステムがほとんど搭載され，一部 の車には，低速走行中であれば衝突被害を軽減するシステムも組み込まれている． さらに，メーカによっては自動操舵システムを搭載している車もある．これらを組 み合わせれば，完全自動運転車も夢ではない．

　ただし，道路の道幅，車線数，白線の有無，T 字路や Y 字路などをどのように判 断して走行するかの課題もまだまだ多く残されており，これらを制御の視点から考 えてみるのもおもしろそうである．

2-7

s–空間から t–空間へ

………… 変換表 うまく使えば もとの国

① ラプラス逆変換は，基本的に変換表を用いて行う．
② ラプラス逆変換は変換表に合わせた式の変形が必要である．

　ラプラス逆変換を求めるときは，ラプラス変換表を逆引きすればよい．例えば，31 ページの表 2·3 に示したように，ラプラス変換表の構成において，原関数が左側，対する像関数が右側に配されているとする．この場合，ラプラス逆変換では，右側で同じ像関数を見出し，その左側の原関数を求めればよい．

　同じ形式の像関数を見つけられない場合は，原関数が線形であれば，その像関数も線形であるので，全体をまとめて扱うことも，項別に扱うことも，同じ結果となる．そこで，問題の式を項別に分解し，表の右側（ラプラス変換された形式）にあるような形に変形して，対応する表の左側の関数をあてはめればよい．

　いくつかの例題で考えてみよう．

2-8　　　次に示す像関数をラプラス逆変換しなさい．

$$X(s) = \frac{1}{s-5}$$

解答　変換表の像関数欄をみると

$$F(s) = \frac{1}{s+\alpha}$$

があり，その原関数は，$f(t) = e^{-\alpha t}$ となっている．
問題は，$\alpha = -5$ に対応しているので，答えは

$$x(t) = e^{5t}$$

である．

> 変換表に用いている記号と，問題の記号や数値をまちがえないように対応させよう．

2-9 次に示す像関数をラプラス逆変換しなさい.

$$X(s) = \frac{s+1}{s^2+5s+6}$$

解答 変換表の像関数欄をみると, 問題の形式そのままでは載っていない. そこで, $(s^2+5s+6) = (s+2)(s+3)$ と因数分解できるので, 問題の像関数を次のような部分分数に展開できると仮定する.

$$X(s) = \frac{s+1}{s^2+5s+6} \quad \cdots\cdots ①$$

$$= \frac{s+1}{(s+2)(s+3)}$$

$$= \frac{A}{s+2} + \frac{B}{s+3} \quad \cdots\cdots ②$$

ここで, A と B は未知の定数である. 式 ① と式 ② を比較 (等置) して, 未知定数 A, B を定めればよい. ここでは, 一つの方法として上式を通分して, もとの式と比較する方法を用いる. 式 ② を通分して

$$\frac{A}{s+2} + \frac{B}{s+3} = \frac{(A+B)s+3A+2B}{s^2+5s+6} \quad \cdots\cdots ③$$

となる. 通分した式 ③ と問題の式 ① を比較して

$$\left.\begin{array}{l} A+B = 1 \\ 3A+2B = 1 \end{array}\right\}$$

の連立方程式を得る. この式を解くと, $A = -1$, $B = 2$ となる. よって, 問題の式は

$$X(s) = -\frac{1}{s+2} + \frac{2}{s+3}$$

と部分分数に展開できる. これで変換表を利用できることになる. ゆえに, 原関数は

$$x(t) = -e^{-2t} + 2e^{-3t}$$

となる.

> まずは, 部分分数に展開して, 通分して, とどめは連立方程式だ!!

2-10 次に示す像関数をラプラス逆変換しなさい．

$$X(s) = \frac{s^2+11}{(s-3)(s^2+1)}$$

解答 変換表の像関数欄をみると，問題の形式そのままでは載っていない．そこで，分母の $(s-3)(s^2+1)$ を分けて次のような部分分数に展開できると仮定する．

$$X(s) = \frac{s^2+11}{(s-3)(s^2+1)}$$

$$= \underset{\text{定数}}{\frac{A}{s-3}} + \underset{\text{1次式}}{\frac{Bs+C}{s^2+1}} \cdots\cdots ①$$

$$\underset{\text{2次式}}{}$$

> 分母に因数分解できない s^2（2次式）がある場合，分子はその次数より，一つ少ない1次式 $Bs+C$ とする．

ここで，A，B および C は未知の定数である．次に，未知定数 A，B および C を定める．前例では通分して，もとの式と比較する方法を示した．同様の方法でもよいが，ここでは別の方法を示しておく．

まず，未知数 A を定める．A の分母の式，$(s-3)$ を式 ① の両辺にかけると

$$\frac{(s^2+11)(s-3)}{(s-3)(s^2+1)} = \frac{A(s-3)}{s-3} + \frac{(Bs+C)(s-3)}{s^2+1} \cdots\cdots ②$$

となる．式 ② を整理すると

$$\frac{(s^2+11)}{(s^2+1)} = A + \frac{(Bs+C)(s-3)}{s^2+1} \cdots\cdots ③$$

となる．

式 ③ で，$s=3$ とすると，右辺第2項は0であるので，右辺は A のみとなり，左辺は

$$\frac{(3^2+11)}{(3^2+1)} = \frac{20}{10} = 2$$

となる．ゆえに，$A=2$ を得る．

> 例えば，式 ① は部分分数に展開しただけなので，左辺と右辺はどんな s の値でも等しくなることを利用する．式 ③ の s にどんな数値を代入すれば簡単になるかを考えるんだ〜．

同様に，式 ① の両辺に (s^2+1) をかけて，整理すると

$$\frac{(s^2+11)}{(s-3)} = \frac{A(s^2+1)}{s-3} + (Bs+C)\cdots\cdots ④$$

となる．ここで，$s^2+1=0$ となる，$s=j,\ s=-j$（j は虚数単位）を式 ④ に代入して

$$\left.\begin{array}{r} jB+C = -3-j \\ -jB+C = -3+j \end{array}\right\}$$

の連立方程式を得る．この式を解くと，$B=-1,\ C=-3$ となる．よって，問題の式は

$$X(s) = \frac{2}{s-3} - \frac{s+3}{s^2+1}$$

$$= \frac{2}{s-3} - \frac{s}{s^2+1^2} - \frac{3}{s^2+1^2} \cdots\cdots ⑤$$

のように展開できる．変換表より，原関数は

$$x(t) = 2e^{3t} - \cos t - 3\sin t$$

となる．

〔別解〕

　$A=2$ を求めた後，未知定数 B と C を求める方法式 ① に，求めた $A=2$ を代入して

$$\frac{s^2+11}{(s-3)(s^2+1)} = \frac{2}{s-3} + \frac{Bs+C}{s^2+2}$$

$$\frac{Bs+C}{s^2+1} = \frac{s^2+11}{(s-3)(s^2+1)} - \frac{2}{s-3} = -\frac{(s-3)(s+3)}{(s-3)(s^2+1)}$$

となり，したがって，

$$\frac{Bs+C}{s^2+1} = -\frac{s+3}{s^2+1}$$

となる．両辺の分子を比較して，$B=-1,\ C=-3$ を得る．

　このように，各例題で示した一連の方法にとらわれず，そのつど，都合のよい方法を用いればよい．

 **2-11** 次の微分方程式を示した条件で解きなさい.

$$y'' + 3y' + 2y = 0 \qquad （条件：y(0) = 1,\ y'(0) = 1）$$

解答 制御の過渡応答（第5章〔85ページ〕で説明）を求めることは，制御系での微分方程式を解くことと同じである．基本的な制御の問題であれば線形であるので，ラプラス変換を応用し，比較的簡単に微分方程式を以下の手順で解くことができる.

〔微分方程式をラプラス変換で解く手順〕

① 与えられた微分方程式の両辺をラプラス変換し，補助方程式（特性方程式ともいう）を求める.

② 求めた補助方程式を解く.

③ 補助方程式の解をラプラス逆変換する.

まず，問題の両辺をラプラス変換する．この場合，右辺は0であるので，ラプラス変換も0である．ここで，$y(t)$ のラプラス変換を Y とする.

$$\mathcal{L}\{y'\} = sY - y(0)$$
$$= sY - 1$$
$$\mathcal{L}\{y''\} = s^2Y - sy(0) - y'(0)$$
$$= s^2Y - 1s - 1$$

項別に求めたラプラス変換を整理して，補助方程式を求めると

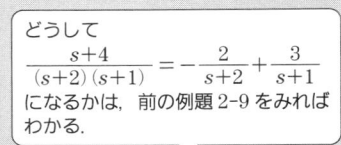

どうして
$$\frac{s+4}{(s+2)(s+1)} = -\frac{2}{s+2} + \frac{3}{s+1}$$
になるかは，前の例題2-9をみればわかる.

$$(s^2Y - 1s - 1) + 3(sY - 1) + 2Y = 0$$

となる．この式を整理すると

$$s^2Y + 3sY + 2Y = s + 4$$

となる．この式より Y を求めると

$$Y = \frac{s+4}{(s+2)(s+1)} = -\frac{2}{s+2} + \frac{3}{s+1}$$

となる．これをラプラス逆変換して，$y(t)$ を求めると次のようになる.

ここから先はさっきの例題2-9と同じで，部分分数に展開だ！

$$y(t) = \mathcal{L}^{-1}\{Y\}$$
$$= -2e^{-2t} + 3e^{-t}$$

 **2-12** 次に示す像関数をラプラス逆変換しなさい.

$$X(s) = \frac{3}{s^2+2s+2}$$

解答 変換表の像関数欄をみると,問題の形式そのままでは載っていない.また,s^2+2s+2 は因数分解もできない.このような二次式の場合,完全平方の形を考える.つまり,$s^2+2s+2 = (s+1)^2+1$ となるので

$$X(s) = \frac{3}{s^2+2s+2}$$
$$= \frac{3}{(s+1)^2+1}$$

となる.上式とラプラス変換表を比べて

$$X(s) = \frac{3\times1}{(s+1)^2+1} = \frac{3\times1}{(s+1)^2+1^2}$$

とする.よって,変換表より

$$x(t) = 3e^{-t}\sin t$$

を得る.

> 因数分解できないときは,完全平方にする.そして,残った定数を2乗の形にする〜.

　この例題のように,像関数の分母が2次関数 (s^2+as+b) の場合

① $(s+\alpha)^2$

② $(s+\alpha)^2+\beta^2$

③ $(s+\alpha)(s+\beta)$

のいずれかの形式になる.

③の場合はその後さらに部分分数に展開して解く(例 2-9 参照).

2-8

伝 達 関 数

入力と 出力のかかわり示す 伝達関数

Point
① 関数とは，二つ以上の物事のかかわりである．
② 伝達関数は，入出力のラプラス変換の比で求める．

❶ 関数とは

　数式を扱う場合，よく**関数**という表現が出てくる．例えば，自分のもらっていた小づかいが年齢によって金額が変わったとすれば，小づかいは年齢の関数と考えることもできるだろう．

　また，気温は時々刻々と変わっているので，気温は時間の関数であり，また，春夏秋冬で繰り返されているので，1 年 365 日を 1 周期とする周期関数とも考えられる．

　さらに，人の体重も時間（長いスパンで，月や年で考えてもよい）とともに変化するので，時間の関数と考えても差し支えない．

> 「二つの変数 x, y があって，x の値が決まると，それに対応して y の値が決まるとき，y は x の関数である」という．「一般に，$y = f(x)$ という記号で表している」と，一般的に辞書には書いてある!!

　このように関数と考えてもよい関係はいろいろなところに存在している．ただ，「数学的に扱えるのか」，あるいは「意味があるのか」などは別の話である．

❷ 伝達関数とは

　多くの部品で構成されている機械や装置は，自動制御という点から考えると，「多くの伝達要素から構成されている」と考えられる．したがって，この機械や装置の入力部分に信号が加わると，要素間を次から次へと信号が変化しながら伝達され，最終的な出力部分からの信号が出

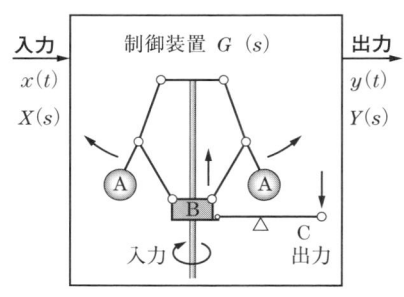

図 2・11　遠心調速機の制御装置

力信号となる．例えば，14 ページで示した，蒸気機関で用いられた遠心調速機の制御装置の，部分としての入出力関係を模式的に示すと，**図 2·11** のように考えられる．

この制御装置に入力信号（回転速度）を加えると，出力信号（てこの上下動）が出力される．回転速度が変化すれば，それにともない，てこの上下動も変化する．つまり，入力信号 $x(t)$ と出力信号 $y(t)$ には関数関係があると考えられる．とくに，制御では入力信号と出力信号の関係を示す関数を**伝達関数**と呼んでいる．

❸ 伝達関数の定義

図 2·11 のような制御系の入出力信号を $x(t)$，$y(t)$ とし，それぞれの初期値（$t = 0$ のときの値）をすべて 0 としたラプラス変換を $X(s)$，$Y(s)$ とすると，**伝達関数** $G(s)$ は

$$G(s) = \frac{Y(s)}{X(s)} \quad \text{あるいは} \quad Y(s) = G(s)\,X(s)$$

> t の関数である入力信号や出力信号は小文字表記とし，s の関数となるそれぞれの関数のラプラス変換は大文字表記とするよ～．

と定義される．伝達関数は，入力信号と出力信号の関係を示すものであり，伝達関数，入力信号および出力信号のうち，いずれか二つがわかれば，残りの一つは理論的に算出できる．

また，伝達関数 $G(s)$ を調べることにより，伝達要素の特性を理解することができる．例えば，伝達関数 $G(s)$ の s を $j\omega$ に置き換えて $G(j\omega)$ とすれば，周波数伝達関数を求めることができる．

ここで，j は虚数単位である．また，ω は角周波数（角速度），f を周波数とすれば $\omega = 2\pi f$ の関係がある．

図 2·12 に示すように周波数伝達関数を調べることにより，入力信号の角周波数が変化したときの出力の状態，つまり入力信号の角周波数の違いによる振幅比の違いなどを分析することができる．

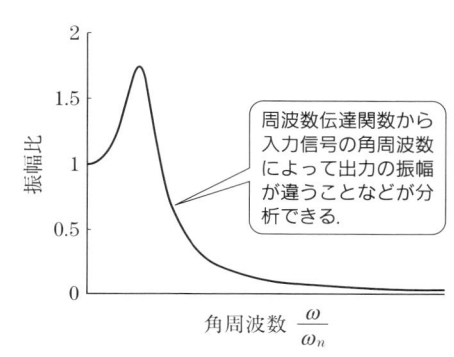

> 周波数伝達関数から入力信号の角周波数によって出力の振幅が違うことなどが分析できる．

図 2・12　角周波数による振幅比の例

問題 1 次の関数のラプラス変換を求めなさい.
$$x(t) = e^{-\alpha t} \qquad (0 < t)$$

問題 2 図 **2·13** のように定義される関数のラプラス変換を求めなさい.

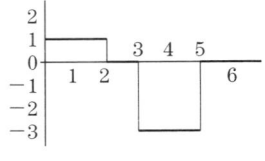
図 2 · 13

$$x(t) = 1 \qquad (0 < t < 2)$$
$$x(t) = 0 \qquad (2 < t < 3)$$
$$x(t) = -3 \qquad (3 < t < 5)$$
$$x(t) = 0 \qquad (5 < t)$$

問題 3 $y(t)$ が次の微分方程式を満たすとき, $y(t \to \infty)$ の値を求めなさい.
(1) $y'(t) + 2y(t) = 5 \qquad (y(0) = 0)$
(2) $y'(t) + 2y(t) = 4 \qquad (y(0) = 3)$

問題 4 ラプラス変換表を用いて, 次の関数 $f(t)$ $(0 < t)$ をラプラス変換しなさい.
(1) $f(t) = 5 - e^{-3t} + e^{-2t}$
(2) $f(t) = \sin 5t - 3 \cos 5t$
(3) $f(t) = 3e^{-2t}(2 \sin 3t - 3 \cos 3t)$
(4) $f(t) = 3 + 2t^2 - 6t^3$

問題 5 次に示す像関数をラプラス逆変換しなさい.
$$X(s) = \frac{s}{s^2 + 4s + 5}$$

第 **3** 章

基本要素の伝達関数

　制御システムにおいて，入力信号と出力信号のそれぞれのラプラス変換の比で求められる伝達関数（前章で概説）を調べることは，制御システムにおいて重要なことである．

　例えば，その制御システムの伝達関数が既知であれば，入力信号を与えると出力信号を計算で解析することができる．

　逆に，出力信号に対する要求があれば，それを得るための入力信号を推測することも可能である．

　しかしながら実際の機械や装置などの制御は，それほど単純なものではない．そこで，機械や装置を制御の観点から分類し，それぞれの基本的な伝達関数を調べ，それらの組合せとして実際の装置の制御を推測することはある程度可能なことである．

　本章では，基本的な要素の伝達関数について分類し，その特徴を調べる．

3-1

機械のモデル化の基本要素

……………………… 制御系 シミュレーションで 解析だ！

機械とは，次のように定義されている．

① 外力に抵抗して，それ自身を保つのできる部品で構成されている．

② 各部品が相対的，かつ定まった運動をする．

③ 外部から供給されたエネルギーを有効な仕事に変換する．

一方，電子工学やコンピュータ（マイコン，PC を含む）の発展とともに，「有効な仕事」に「情報」を加える考えもあり，機械の仲間は増えつつある．

機械をより安全に使うには，静的な強度に加え，動的にも検証する必要がある．動的な検証では，機械を単純な質量，ばねやダッシュポットでモデル化するのが一般的である．ここでは，制御の観点から，基本的なモデル化を学ぶとともに，電気的なモデル化も学ぶ．

❶ ば　ね

どのような材料も，剛体ではなく弾性体であり，すなわち外力が加われば少しは伸縮する．例えば，**図3·1** に示すような豆ジャッキでも，物をもち上げるときは少なからず縮んでいる．このように考えると，図の右側に示したばねと同じであると考えることができる．

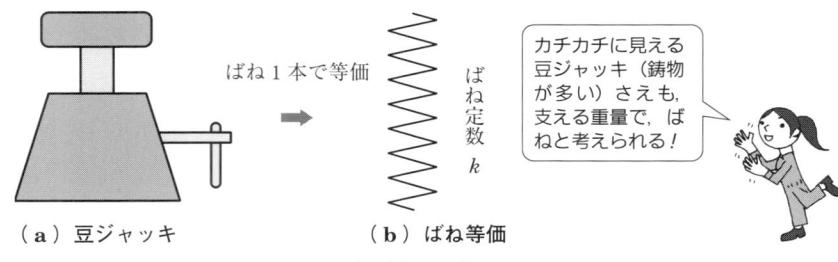

ばね1本で等価

ば
ね
定
数
k

カチカチに見える
豆ジャッキ（鋳物
が多い）さえも,
支える重量で，ば
ねと考えられる！

（a）豆ジャッキ　　　　（b）ばね等価

図 3・1　機械部品の等価図（ばね）

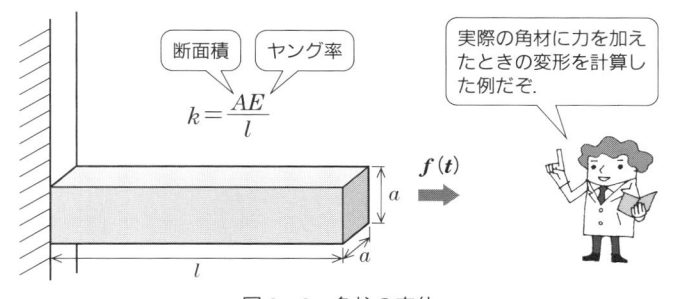

図3・2　角柱の変位

　図 **3・2** において，$l = 100\ \text{cm}$，$a = 1\ \text{cm}$，$E = 20 \times 10^4\ \text{MPa}$（軟鋼に相当）とすると，ばね定数は $k = 2 \times 10^7\ \text{N/m}$ となる．ちなみに，引張荷重を $f = 100\ \text{N}$（約 10 kg 重）とすると，伸びは $5 \times 10^{-6}\ \text{m} = 5 \times 10^{-3}\ \text{mm}$ となる．

　図 3・1 では，ジャッキをばね一つで示したが，各部品の太さや材質の違いもあるので，三つぐらいのばねでモデル化するのも一つの方法である．ここで，どれほどの数のばねでモデル化するかは，全体として考えるか，あるいはどこまで詳細に考えるかによる．

　また，数値解析で利用する FEM（有限要素法，Finite Element Method）も，弾性問題の解析では基本的に材料を近似する有限個のばねに置き換えて，外力とばねの伸縮のつり合いから，ひずみや応力を計算しているのである．

❷ ダッシュポット

　一般的なボールをやや斜めに放り出すと，**図 3・3** のような軌跡を示す．つまり，初期の高さ H_0 から自由落下させると，最初の高さよりも低い位置 H_1 まで跳ね上がり，再び落下し，次は H_2 まで跳ね上がる．

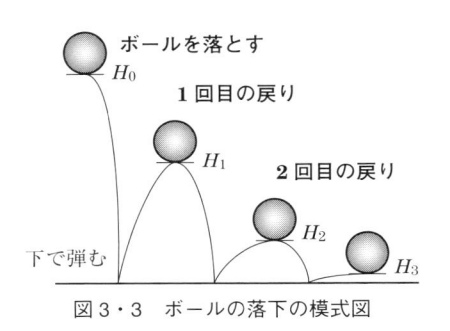

図 3・3　ボールの落下の模式図

ところで，理論上のばねはいったん振動を与えると，空気抵抗を無視すれば振動が永久に継続する性質をもつと考える．したがって，ボールをばねだけでモデル化するのでは，図 3·3 の現象は説明できない．そこで，「振動を減衰させるような働き」をするダッシュポットを組み合わせる．

　ダッシュポットはシリンダ，穴あきのピストンと，ピストンロッド（**図 3·4**）で構成され，内部は油で満たされている．ピストンが動くと，油はピストンの穴より移動する．ダッシュポットはこのときの粘性流体の

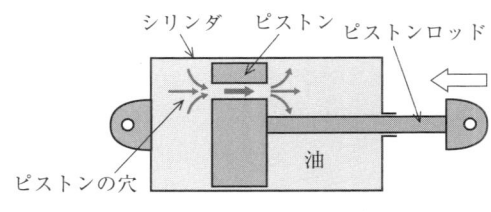

図 3·4　ダッシュポットの断面図

抵抗で減衰効果を得ようとするものである．この抵抗は，一般的にピストンの移動速度に比例するものと考える．

　そこで，図 3·4 に示したダッシュポットと，ばねを並列接続（**図 3·5**（a））すれば，減衰振動するようなモデルをつくることができる．

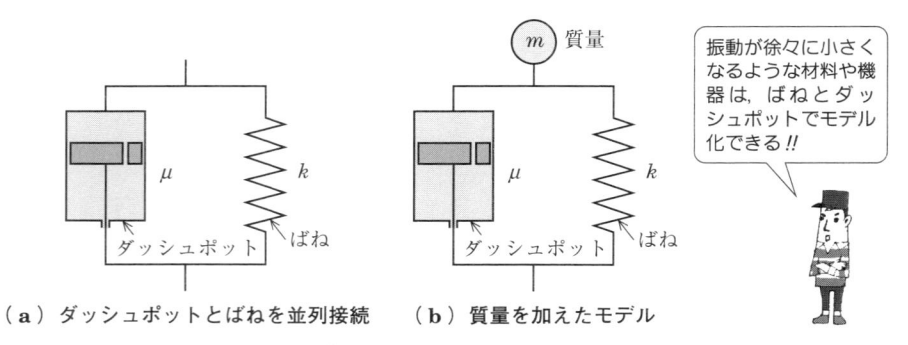

（**a**）ダッシュポットとばねを並列接続　　（**b**）質量を加えたモデル

図 3·5　ばねにダッシュポットを加えたモデル

　さらに，図 3·3 に示したボールには重量が必ず存在するので，それによって慣性力を生ずる．慣性力を考慮するために，図 3·5（b）のような質量 m を加えたモデルも必要となる．

　動的な問題では，機械・装置をモデル化して考えることが多く，機械の自動制御系についても，これまで説明したばねやダッシュポット，質量で構成される基本的な要素について考えることが多い．

COLUMN　すべての機械材料はばね ....

　4サイクルエンジンのバルブ（動弁）機構は，**図3·6**（a）のようなOHV形（over head valve，バルブが上でカムが下）と図3·6（b）のようなOHC形（over head camshaft，バルブもカムもピストンより上）があり，現在はOHC形がほとんどである．

　いずれもクランク軸と連動するカム軸の回転から，ロッカアームほかを介してバルブの開閉が行われている．

　仮に，材料が剛体とすれば，カムの動作が確実にバルブに伝えられるので，両者には相違がないはずである．しかし，実際はばね（弾性体）と考えられ，カムからバルブまでの距離が長いOHV形は，OHCに比べてより軟らかいばねと考えられる．そのため，カムの動きがバルブにうまく伝わらない現象（第6章の周波数応答で説明）を生ずる．

　両者を用いた自動車の一般的な比較では，OHVでは，毎分最大4 000回転程度，OHCでは6 000回転程度となり，OHCを用いたほうが50%増の性能向上となる．この差のすべての要因がばねの硬さによるものではないが，少なからず影響していることは確かである．

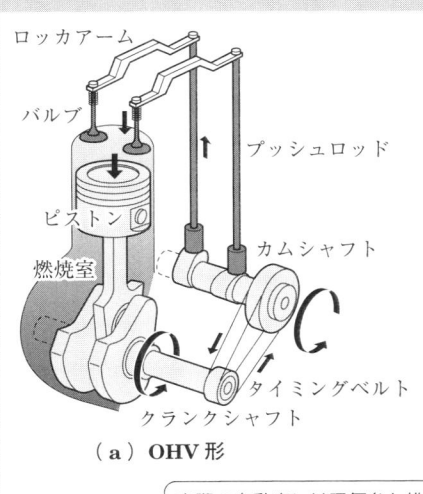

（a）OHV形

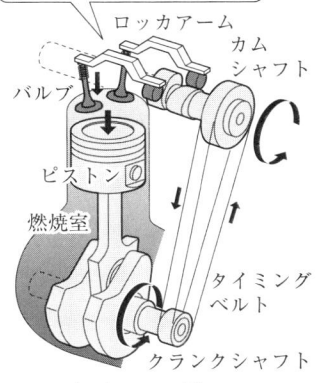

OHVに比べ，OHCは性能がよくなる．
ただし，バルブの部分にいろいろな部品があるので，製作はより難しくなる．

実際の自動車には吸気弁と排気弁があって，それぞれ別のカムを使って，より性能を高めたのが，DOHC（Double Overhead Camshaft）だよ．DOHCの場合，毎分9 000回転以上の高速回転が可能！

（b）OHC形

図3・6　4サイクルエンジンのバルブ機構

3-2

比例要素の伝達関数

················ 打てば響く 倍になれば 倍になる

❶ 比例要素では，入力と出力は比例する．

❷ どんなに硬い材料でも力を加えると，ばねと同じで多少は変形する．

図3·7（a）に示すような，てこ（変形しない棒）において，入力を $x(t)$，出力を $y(t)$ とすると，図3·7（b）のようなグラフが描ける．

支点から力点までの距離の関係から

$$y(t) = \frac{m}{n} x(t), \quad \text{あるいは,}$$

$$\frac{y(t)}{x(t)} = \frac{m}{n} = K_P$$

となることがわかる．上式のように「入力と出力が比例する制御要素」を**比例要素**という．ここで，K_P は時間に無関係な比例定数で，比例ゲインと呼ぶ．

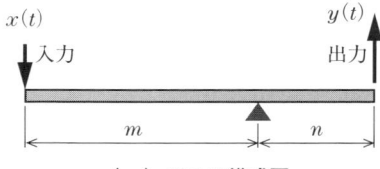

（**a**）てこの模式図

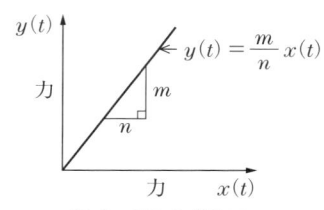

（**b**）てこのグラフ

図3·7　てこの入出力

さて，比例要素の伝達関数は，$x(t)$ と $y(t)$ のラプラス変換を $X(s)$，$Y(s)$ とすると

$$G(s) = \frac{Y(s)}{X(s)} = \frac{\mathcal{L}\{y(t)\}}{\mathcal{L}\{x(t)\}} = \frac{m\mathcal{L}\{x(t)\}}{n\mathcal{L}\{x(t)\}} = \frac{m}{n} = K_P$$

となることは明らかである．

比例とは，二つの関係が直線的になるものだ〜.

比例要素の実際例として，機械系であれば**図3·8**（a）に示すばね定数が k のばねに働く力 $f(t)$ と，ばねの変位 $x(t)$ の関係（フックの法則）や，電気系であれば図3·8（b）に示す抵抗 R に流れる電流 $i(t)$ と，抵抗の両端子間の電圧 $e(t)$ との関係（オームの法則），などが考えられる．

図3·8（a）において，外力 $f(t)$ を入力，ばねの変位 $x(t)$ を出力と考えると，このばねの入力と出力の間には，ばね定数 k を用いて

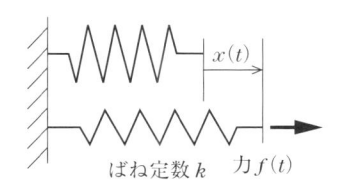
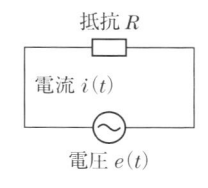
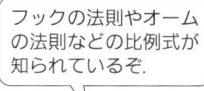

（a）機械系：フックの法則　　（b）電気系：オームの法則

図 3・8　比例要素の例

$$f(t) = kx(t), \quad \text{つまり}, \quad \frac{x(t)}{f(t)} = \frac{1}{k}$$

という関係が成立する.

　上式の伝達関数 $G(s)$ は，それぞれのラプラス変換 $F(s)$, $X(s)$ を用いて

$$G(s) = \frac{X(s)}{F(s)} = \frac{1}{k} = K_P$$

となる．ここで，$\dfrac{1}{k}$ を**コンプライアンス**（ばね定数の逆数）といい，制御では比例ゲイン K_P である．

　次に図 3・8（b）において，電圧 $e(t)$ を入力とし，抵抗 R に流れる電流 $i(t)$ を出力と考えるとき，キルヒホッフの第 2 法則（付録 209 ページ参照）から，この抵抗両端子間の入力と出力の関係は

$$e(t) = R\,i(t), \quad \text{あるいは}, \quad \frac{i(t)}{e(t)} = \frac{1}{R}$$

となり，伝達関数は $\dfrac{1}{k} = K_P$ とすれば，それぞれのラプラス変換 $E(s)$, $I(s)$ を用いて

$$G(s) = \frac{I(s)}{E(s)} = \frac{1}{R} = K_P$$

となる.

　以上のことから，図 3・8（a）の機械系と（b）の電気系では同じ関係式になることがわかる．このように機械系と電気系など，まったく異なる物理系が同様の様相を示すことを系の**類似（アナロジー）**，あるいは**相似関係**という．この関係を利用すると，機械系の実験をなんと電気系で行うことも可能である．

3-3

積分要素の伝達関数

———————————— ピストンは たまった分だけ 仕事する

Point
❶ 油圧シリンダやコンデンサなどは，積分要素となる．
❷ 積分要素は，入力の積分値に比例する動作をする．

図 3・9 に示すような，流量 $x(t)$ の水道水がバケツに流入しているとすると，時刻 t までにたまった総水量は

$$Q(t) = \int_0^t x(t)\, dt$$

で示される．このような「積分値が関係する要素」が**積分要素**である．

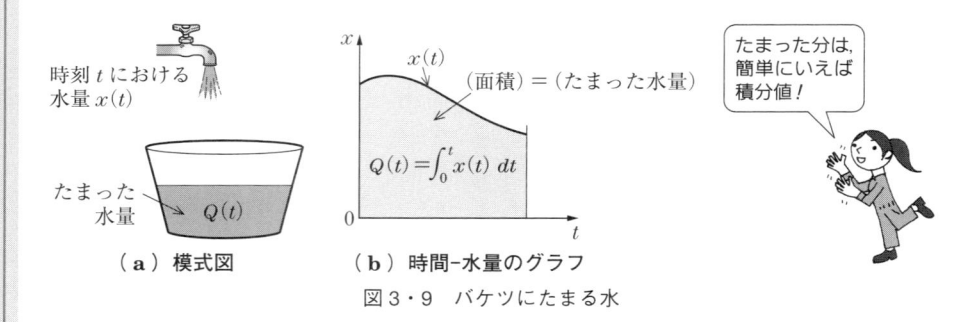

（ a ）模式図   （ b ）時間-水量のグラフ

図 3・9　バケツにたまる水

　積分要素の例として，機械系では**図 3・10** の（a）に示すような油圧機器や空気圧機器などの要素であるシリンダがある．図 3・10 の（a）において，流量 $x(t)$ の流体がシリンダ内に左側から流入（右側からは同量の流体が流出）すると，時刻 0 から t までの総流入量は $Q(t)$ となる．このとき，シリンダとピストンの接触面の摩擦や流体のもれを無視し，ピストンの受圧面積を A とすると，ピストンの移動量 $y(t)$ は

$$y(t) = \frac{Q(t)}{A} = \frac{1}{A} \int_0^t x(t)\, dt$$

（この積分値が総流入量ということになる！）

と表せる．ここで，入出力のラプラス変換を考えると

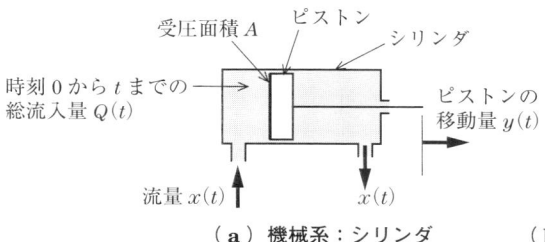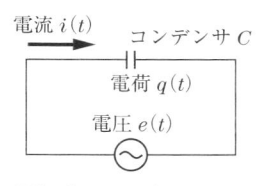

（ a ）機械系：シリンダ　　　（ b ）電気系：コンデンサだけの回路

図 3・10　積分要素の例

$$Y(s) = \frac{1}{As} X(s)$$

さらに，入出力の比から伝達関数 $G(s)$ を求めると

$$G(s) = \frac{Y(s)}{X(s)} = \frac{1}{As} = \frac{K_\mathrm{I}}{s}$$

となる．ここで，$K_\mathrm{I} = \dfrac{1}{A}$ であり，K_I を積分ゲイン定数と呼ぶ．

　次に図 3・10 （b） においてコンデンサ C に電流 $i(t)$ を流したとき，その両端子間の電圧（起電力）は，蓄えられる電荷 $q(t)$ とキルヒホッフの第 2 法則から

$$e(t) = \frac{1}{C} q(t) = \frac{1}{C} \int_0^t i(t)\, dt$$

の積分で示される．両辺のラプラス変換から

コンデンサの端子電圧は，流れた電流の総量（電流の積分値）に比例する！

$$E(s) = \frac{1}{C} \frac{1}{s} I(s) = \frac{1}{Cs} I(s)$$

が導かれる．入出力のラプラス変換の比から，伝達関数 $G(s)$ を求めると

$$G(s) = \frac{E(s)}{I(s)} = \frac{1}{Cs} = \frac{K_\mathrm{I}}{s}$$

となる．ここで，$K_\mathrm{I} = \dfrac{1}{C}$ とした．以上のことから，図 3・10 （a） と （b） の両者とも同じ形式の伝達関数で示されることがわかる．

　すなわち，積分要素の伝達関数は，K_I を積分ゲイン定数として

$$G(s) = \frac{K_\mathrm{I}}{s}$$

の形式で示される．この式が積分要素の伝達関数の標準形となる．

3-4

微分要素の伝達関数

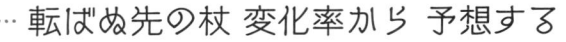

転ばぬ先の杖 変化率から 予想する

図 **3・11**（a）にシリンダ，小穴を有するピストン，および粘性流体で構成されているダッシュポット，図 3・11（b）にインダクタンス（コイル）だけの電気回路を示す．図 3・11（a）において，ピストンを右方へ移動させようとすると，密閉されている粘性流体（非圧縮性と考えてよい）はピストンの小穴から左方へ移動することになる．このとき生ずる抵抗が**粘性抵抗**である．一般的に，この抵抗はピストンの移動速度（変位の微分）に比例すると考えてよいといわれている．

図 3・11（a）において，ダッシュポットの移動速度を $v(t)$，移動距離（変位）を $x(t)$ とし，外力（抵抗力と考えてもよい）を $f(t)$ とすると，外力 $f(t)$ は移動速度 $v(t)$ に比例し，$v(t)$ は移動距離（変位）の微分値となる．すなわち次の

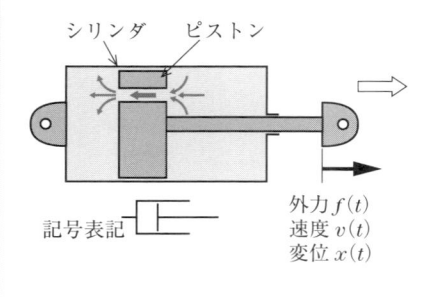

シリンダ　ピストン

記号表記

外力 $f(t)$
速度 $v(t)$
変位 $x(t)$

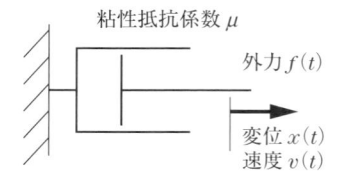

粘性抵抗係数 μ

外力 $f(t)$

変位 $x(t)$
速度 $v(t)$

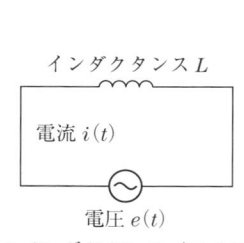

微分要素として，機械系ではダッシュポット，電気系ではインダクタンスがある．同じ抵抗力でも固体と固体間の摩擦抵抗（静止摩擦や動摩擦）は微分要素ではない～．

インダクタンス L

電流 $i(t)$

電圧 $e(t)$

（**a**）機械系：ダッシュポット　　　（**b**）電気系：インダクタンス（コイル）だけの回路

図 3・11　微分要素の例

ようになる.

$$f(t) = \mu v(t) = \mu \frac{d}{dt} x(t)$$

ここで，μ を**粘性抵抗係数**と呼び，流体の粘度，ピストンの形状や穴の大きさなどに関係する定数である.

ダッシュポットのシリンダの変位 $x(t)$ を「入力」と考え，抵抗あるいは外力 $f(t)$ を「出力」とすると，$f(t)$ は入力である $x(t)$ の微分に比例した出力となる．このような関係にあるものを**微分要素**という．次に，入出力のラプラス変換を考えると

$$F(s) = \mu s X(s)$$

となる．入出力のラプラス変換の比から伝達関数 $G(s)$ を求めると

$$G(s) = \frac{F(s)}{X(s)} = \mu s = K_{\mathrm{D}} s$$

となる．ここで，K_{D} を微分ゲイン定数と呼ぶ.

次に，図 3・11 (b) において，インダクタンス L に電流 $i(t)$ を流したとき，その両端に生じる電圧（起電力）はキルヒホッフの第 2 法則から

$$e(t) = L \frac{d}{dt} i(t)$$

のような電流の微分で示される．ここで，両辺のラプラス変換から

$$E(s) = L s I(s)$$

が導かれる．入出力のラプラス変換の比から伝達関数 $G(s)$ を求めると

$$G(s) = \frac{E(s)}{I(s)} = L s = K_{\mathrm{D}} s$$

となる．ここで，$K_{\mathrm{D}} = L$ とした．以上のことから，図 3・11 (a) と (b) の両者とも同じ伝達関数で示されることがわかる.

すなわち，微分要素の伝達関数は K_{D} を微分ゲイン定数として

$$G(s) = K_{\mathrm{D}} s$$

の形式で示される．この式が微分要素の伝達関数の標準形となる.

微分，すなわち変化率で，今後の増減を推定できるんだね！
このことから，早めに制御動作を行うときに利用されるんだね〜.

3-5

一次遅れ要素の伝達関数

一次遅れ 比例と微分の 組合せ

❶ 一次遅れ要素は，ゲイン定数，時定数で構成される基本形式を覚える．

❷ 一次遅れ要素は，機械系はばねとダッシュポットで，電気系はコイルと抵抗で構成される．

❸ 一次遅れ要素は，機械系はダランベールの原理で，電気系はキルヒホッフの法則などで導く．

　図 **3·12** (a) に示すような**ばね-ダッシュポット系**で外力 $f(t)$ を加えたとき，ばねの変位（ダッシュポットのピストンも同じ動きをする）$x(t)$ を出力とするシステムは**一次遅れ要素**といわれる．図 3·12 (b) に示すような**インダクタンス**（コイル）**-抵抗系**の電気回路も一次遅れ要素である．

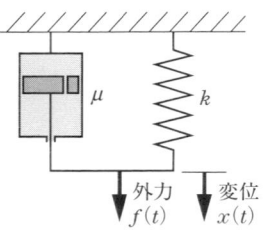

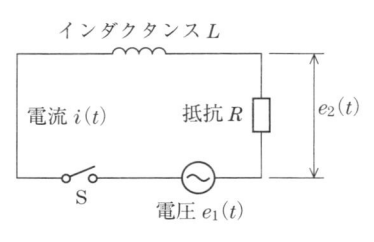

振動が減衰するようなものは「一次遅れ要素」と考えるといいぞ．

（**a**）機械系：ばね-ダッシュポット

（**b**）電気系：インダクタンス（コイル）-抵抗の回路

図 3・12　一次遅れ要素の例

　図 3·12 (a) において，ダランベールの原理（力のつり合い）により

$$\mu \frac{d}{dt} x(t) + k x(t) = f(t)$$

の関係式を得る．ここで，μ は粘性抵抗係数〔N/(m/s)〕，k はばね定数〔N/m〕である．次に，両辺をラプラス変換し，整理すると

$$(\mu s + k) X(s) = F(s)$$

となる．伝達関数 $G(s)$ を $\dfrac{X(s)}{F(s)}$ として求めると，次のようになる．

$$G(s) = \frac{X(s)}{F(s)} = \frac{1}{\mu s + k}$$

次に，伝達関数の式を

$$G(s) = \frac{1}{\mu s + k} = \frac{\dfrac{1}{k}}{\left(\dfrac{\mu}{k}\right)s + 1}$$

と変形する．$T = \dfrac{\mu}{k}$，$K = \dfrac{1}{k}$ とおくと

$$G(s) = \frac{K}{Ts + 1}$$

これが一次遅れの
伝達関数の標準形!!

となる．上式を一次遅れ要素の伝達関数の標準形という．ここで，T は時定数，K はゲイン定数となる．また，ばね定数の逆数 $\dfrac{1}{k}$ をコンプライアンスと呼ぶこともある．

　同様に，図 3·12 (b) に示した電気回路も，キルヒホッフの第 2 法則より

$$e_1(t) = L\,\frac{d}{dt}\,i(t) + e_2(t), \quad \text{および，}\quad e_2(t) = R i(t)$$

の二つの式を得る．入力を $e_1(t)$ とし，出力を $e_2(t)$ と考えているので，両式より $i(t)$ を消去すると

$$e_1(t) = \frac{L}{R}\,\frac{d}{dt}\,e_2(t) + e_2(t)$$

となる．それぞれのラプラス変換を考えると

$$E_1(s) = \frac{L}{R}\,s E_2(s) + E_2(s)$$

となる．また，伝達関数 $G(s)$ を $\dfrac{E_2(s)}{E_1(s)}$ として求めると

一次遅れ＋一次遅れ＝二次遅れ，
一次遅れ＋二次遅れ＝三次遅れ
というように，一次遅れが制御の
基本だ!!

$$G(s) = \frac{E_2(s)}{E_1(s)} = \frac{1}{\dfrac{L}{R}\,s + 1}$$

となる．上式について，$T = \dfrac{L}{R}$ とすると，一次遅れ要素の伝達関数の標準形（K が 1 のとき）になっていることがわかる．

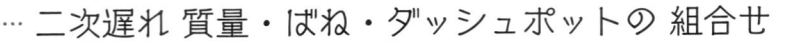

二次遅れ要素の伝達関数

二次遅れ 質量・ばね・ダッシュポットの 組合せ

❶ 二次遅れ要素は，固有角周波数と減衰係数を使って整理される．
❷ 二次遅れ要素は，減衰係数を 1 とすれば，単振動である．
❸ 高次遅れの基本は，一次遅れと二次遅れである．

図 3・13（a）に示す**質量-ばね-ダッシュポット系**で外力 $f(t)$ を加えたとき，ばねの変位 $x(t)$ を出力とするシステムは**二次遅れ要素**といわれる．図 3・13（b）に示す**抵抗-インダクタンス（コイル）-コンデンサ系**の電気回路も二次遅れ要素である．

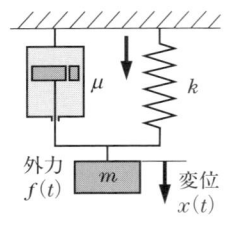

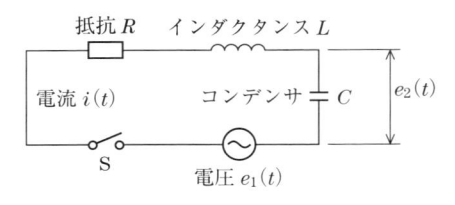

（a）機械系：質量-ばね-
　　　ダッシュポット

（b）電気系：抵抗-インダクタンス
　　　（コイル）-コンデンサ

図 3・13　二次遅れ要素の例

図 3・13（a）において，ダランベールの原理により

$$m\frac{d^2}{dt^2}x(t)+\mu\frac{d}{dt}x(t)+kx(t)=f(t)$$

の関係式を得る．ここで，m は質量〔kg〕，μ は粘性抵抗係数〔N/(m/s)〕，k はばね定数〔N/m〕である．次に，両辺をラプラス変換し，整理すると

$$ms^2X(s)+\mu sX(s)+kX(s)=F(s)$$

となる．伝達関数 $G(s)$ を $\dfrac{X(s)}{F(s)}$ として求めると

$$G(s)=\frac{X(s)}{F(s)}=\frac{1}{ms^2+\mu s+k}$$

> 機械系では，一次遅れに慣性力の影響を考えたものが，二次遅れの標準形である〜．

となる．ここで，伝達関数の式を次のように変形し，新しい変数として

$$\omega_n = \sqrt{\frac{k}{m}}, \quad \zeta = \frac{\mu}{2\sqrt{mk}}, \quad K = \frac{1}{k}$$

を用いると

$$G(s) = \frac{K\omega_n{}^2}{s^2 + 2\zeta\omega_n s + \omega_n{}^2}$$

となる．上式を二次遅れ要素の伝達関数の標準形という．ここで，ω_n を固有角周波数，ζ を減衰係数，K をゲイン定数という．

同様に，図3・13 (b) に示した電気回路も，キルヒホッフの第2法則より

$$e_1(t) = Ri(t) + L\frac{d}{dt}i(t) + e_2(t)$$

$$e_2(t) = \frac{1}{C}\int_0^t i(t)\,dt, \quad \text{あるいは，} \quad i(t) = C\frac{d}{dt}e_2(t)$$

の関係式を得る．入力を $e_1(t)$ とし，出力を $e_2(t)$ と考えているので，両式より $i(t)$ を消去し，整理すると

$$e_1(t) = LC\frac{d^2}{dt^2}e_2(t) + RC\frac{d}{dt}e_2(t) + e_2(t)$$

となる．それぞれのラプラス変換を考え，伝達関数 $G(s)$ を $\dfrac{E_2(s)}{E_1(s)}$ として求めると

$$G(s) = \frac{E_2(s)}{E_1(s)} = \frac{1}{LCs^2 + RCs + 1}$$

となる．ここで，伝達関数の式を変形し

$$\omega_n = \sqrt{\frac{1}{LC}}, \quad \zeta = \frac{R}{2}\sqrt{\frac{C}{L}}$$

とおくと

$$G(s) = \frac{\omega_n{}^2}{s^2 + 2\zeta\omega_n s + \omega_n{}^2}$$

のような式となる．つまり，図3・13 (b) の電気回路は，先に示した二次遅れ要素の伝達関数の標準形で，$K = 1$ の場合に相当することになる．

> 機械の制御では，一次遅れ要素と二次遅れ要素を基本に，各パラメータ（ζ，ω_n など）の影響を調べることになるね～．

3-7

むだ時間の伝達関数とまとめ

······· 制御の鍵 むだにならない むだ時間

Point
1. プラントの制御ではむだ時間は無視できない.
2. 電気系と機械系で, 同じ制御系をつくることができる.

1 むだ時間

図 3・14 (a) で, 蛇口のバルブを開くと, すぐに蛇口の流出口から流体がタンクに流入する. しかし, (b) では, バルブの位置から流出口までの距離が長く, バルブを開いた後, ある時間間隔をおいて, タンクに流体が流入することになる. このようにある操作をした後, 一定時間（むだ時間という）をおいて, 動作が開始するような要素を**むだ時間要素**という.

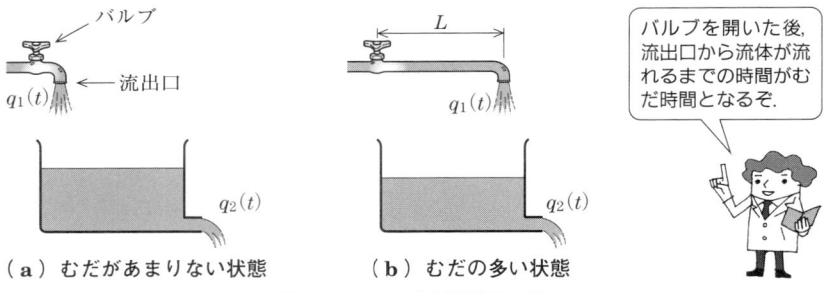

（a）むだがあまりない状態　　（b）むだの多い状態

図 3・14　むだ時間要素の例

> バルブを開いた後, 流出口から流体が流れるまでの時間がむだ時間となるぞ.

　図 3・14 (b) で, バルブ開放時のバルブ部分の流量が理想的なステップ状であると仮定すれば, バルブ流量は**図 3・15** (a), そのときの流出口の流量（タンク流入量）の変化は図 3・15 (b) のように示すことができる.

　図 3・15 (a) で示される $x(t)$ を入力とし, 同図 (b) で示される L だけ動作が遅れる $y(t) = x(t-L)$ を出力とすると, 両者のラプラス変換から, むだ時間要素の伝達関数は

$$G(s) = \frac{Y(s)}{X(s)} = e^{-sL}$$

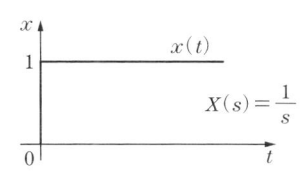

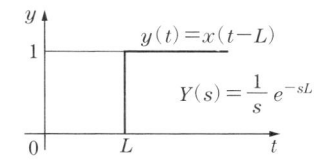

（a）図3·14（a）の流出口の流量　　（b）図3·14（b）の流出口の流量

図3·15　むだ時間要素の表示例

となる．ここで，L をむだ時間と呼ぶ．ここで $x(t-L)$ のラプラス変換は，その定義にしたがって，$t-L$ を変数変換しても求めることができるが，表2·1に示した t 領域での移動法則を用いると簡単である．

　機械や各種装置では，むだ時間は避けられない現象である．例えば，プラントなどの混合装置（図1·7参照，6ページ）で，2種類以上の原料タンクから混合器までの距離が異なる場合や，圧延ローラの圧延部の制御において，厚さの検出部が圧延ローラから離れている場合，あるいは長いパイプの途中で染料や別の液体を混入し，離れた部分で濃度を制御する場合などで，むだ時間が生じている．いずれも避けようがないが，後述するハンチングの原因となるので，むだ時間はできるだけ短いほうがよい．

❷ 機械系と電気系の類似

　これまでに同じ形式の関係式あるいは微分方程式で示される，または，伝達関数が同じ基本形に整理される，機械系システムと電気系回路を示した．これらの式から，類似の物理量を対比して**表3·1**に示す．

　同表より，例えば，力に対して電圧，変位に対して電荷が対応していることがわかる．したがって，機械系で力1N，速度2m/s，質量3kg…というような場合，電気系では電圧1V，電流2A，インダクタンス3H…と考えればよい．単位は，それぞれの基本単位でよい．

　この類似を用いると，機械系の実験を電気系の回路で，あるいはその逆のシミュレーションが可能になる．また，実験データを測定しやすいように，観察しやすいように，工夫することができる．

表 3・1　機械系と電気系の類似

機械系	電機系
力 f 〔N〕	電　圧 e 〔V〕
変　位 x 〔m〕	電　荷 q 〔C〕
速　度 v 〔m/s〕	電　流 i 〔A〕
粘性抵抗係数 μ 〔N/(m/s)〕	電気抵抗 R 〔Ω〕
コンプライアンス $\dfrac{1}{k}$ 〔m/N〕	静電容量 C 〔F〕
質　量 m 〔kg〕	インダクタンス L 〔H〕

※　記号の大文字，小文字は本文中の文字に準じた.

機械系の問題を電気系の問題に置き換えてシミュレーションできる.
その逆も可能である!!

❸　伝達関数のまとめ

　第 3 章で扱った代表的な伝達関数をまとめると，**表 3・2** のようになる．s の関数となる伝達関数の形式や要素名は共通であるが，伝達関数に用いている定数の記号は異なることがある．本書では下表のように統一して用いることにする．

表 3・2　代表的な制御要素の伝達関数の表記

要素名	伝達関数 $G(s)$	備　考
比例要素	K_P	K_P：比例ゲイン
積分要素	$\dfrac{K_I}{s} = \dfrac{K_P}{T_I s}$	K_I：積分ゲイン定数 K_P：比例ゲイン T_I：積分時間
微分要素	$K_D s = K_P T_D s$	K_D：微分ゲイン定数 K_P：比例ゲイン T_D：微分時間
一次遅れ要素	$\dfrac{K}{Ts+1}$	K：ゲイン定数 T：時定数
二次遅れ要素	$\dfrac{K\omega_n{}^2}{s^2+2\zeta\omega_n s+\omega_n{}^2}$	K　：ゲイン定数 ζ　：減衰係数 ω_n：固有角周波数
むだ時間要素	e^{-sL}	L：むだ時間

※　ゲインを利得と表現することもある.
※　積分時間 T_I や微分時間 T_D などについては 7-6 節（148
　　ページ）で示す.

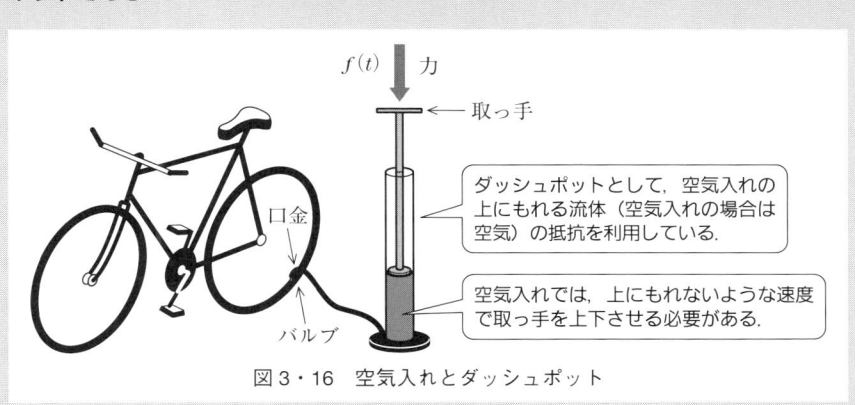

$f(t)$　力

←　取っ手

ダッシュポットとして，空気入れの上にもれる流体（空気入れの場合は空気）の抵抗を利用している．

空気入れでは，上にもれないような速度で取っ手を上下させる必要がある．

口金

バルブ

図 3・16　空気入れとダッシュポット

章 末 問 題

問題 1 　図 **3·17** に示す R–C 並列回路において，入力信号を電流 i_1 とし，出力信号をコンデンサ両端の電圧 e としたときの伝達関数 $G(s)$ を表す式として，正しいのは次のうちどれか．ただし，コンデンサの初期電荷は 0 とする．

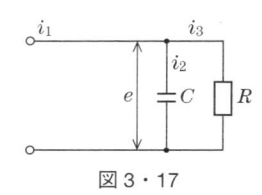

図 3・17

(1) $\dfrac{R}{CRs-1}$ 　(2) $\dfrac{R}{CRs+1}$ 　(3) $\dfrac{C}{CRs-1}$

(4) $\dfrac{CR}{CRs+1}$ 　(5) $\dfrac{C}{CRs+1}$

問題 2 　図 **3·18** に示す R–L 回路において，入力信号を起電力 e_1 とし，出力信号をコイル両端の電圧 e_2 としたときの周波数伝達関数を表す式として，正しいのは次のうちどれか．ただし，すべての初期値は 0 とする．

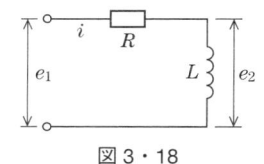

図 3・18

(1) $\dfrac{\dfrac{L}{R}}{1+j\omega\dfrac{L}{R}}$ 　(2) $\dfrac{j\omega\dfrac{R}{L}}{1-j\omega\dfrac{L}{R}}$ 　(3) $\dfrac{j\omega\dfrac{L}{R}}{1-j\omega\dfrac{L}{R}}$

(4) $\dfrac{j\omega\dfrac{L}{R}}{1+j\omega\dfrac{L}{R}}$ 　(5) $\dfrac{1}{1-j\omega\dfrac{L}{R}}$

問題 3 　次の伝達関数のゲイン定数 K と時定数 T を求めよ．

$$G(s) = \frac{8}{5s+2}$$

問題 4 　次の伝達関数のゲイン定数 K，減衰係数 ζ，および固有角周波数 ω_n を求めよ．

$$G(s) = \frac{15}{5s^2+6s+5}$$

第**4**章

ブロック線図

　制御すべき装置などを四角い枠（ブロックという）で表し，左側にその機器・装置への入力（入力信号），右側に出力（出力信号）の矢印を書いたものが，ブロック線図の基本である．

　ブロック線図は，制御系の理解や解析でよく用いられる視覚的な表示方法であり，これによって制御機器の種類によらず，制御の原理を見いだすことが可能である．ブロックの中に記入するのは，装置の絵や文字情報でもかまわないが，伝達関数を記述するのが一般的である．

　ブロック線図による制御解析の基本は，最初の入力から最終的な出力までの流れを基本的なブロック線図の接続で表し，それをまとめることである．

　本章では，基本的なブロック線図の考え方やまとめ方（結合規則）などを説明し，図式的な制御解析方法を示す．

4-1

ブロック線図の考え方

……………… 四角い枠 ユニバーサルデザインで 信号の流れ

❶ 制御の流れを示すブロック線図

　ブロック線図とは，四角い枠（ブロックといい，制御の要素，すなわち伝達要素を示す）と信号線（矢印付き線）などを用いて制御の流れを示すものである.

　例えば，ばねに力を加えたときの変位（伸縮）するばねの問題を，**図4・1**のようなブロック線図に示すことができる. また，抵抗に電流が流れる場合，一般的にブロック線図は**図4・2**のように示すことができる. ブロック線図は，ブロック（伝達要素）の左側に入力（入力信号），右側に出力（出力信号）を表示することにより，制御機器への信号の流れが図示され，制御の流れを視覚的に把握できるという利点がある.

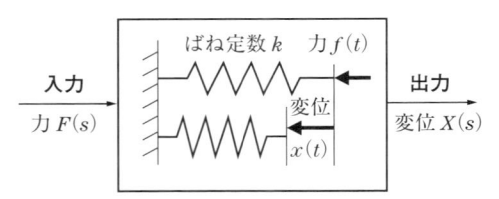

図4・1　力が作用する伝達要素であるばねの
　　　　ブロック線図

最初は装置や部品の名称，
記号などを書き入れると
わかりやすいぞ.

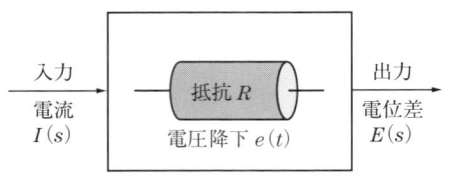

図4・2　電流が流れる伝達要素である抵抗のブロック線図

ブロックで示す伝達要素には，機械や電気という分野別だけでなく，同じ機械の中でも油空圧機器，歯車装置，カム機構など，さまざまなものがあり，さらにそれぞれを構成している個々の部品がある．これらをそのつど図 4·1 や図 4·2 のような個別の表示方法としていては統一的な扱いができない．

　そこで，制御でのブロック線図では，図 4·1 を**図 4·3** のように表示するものとし，入出力にはそれぞれのラプラス変換したものを，ブロックの中には要素の伝達関数を示すのが一般的である．

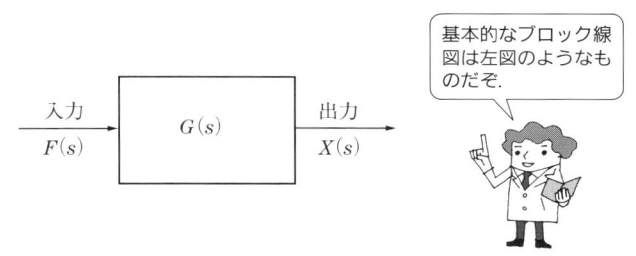

図 4·3　基本的なブロック線図の表示

　図 4·3 のような表示のブロック線図であれば，$F(s)$ や $X(s)$ という表示記号の違いだけで，図 4·2 も同じような表示方法のブロック線図で表せる利点があり，自動制御の問題を統一的に扱うことができる．

　また，図 4·1 や図 4·2 のブロック線図は機器を構成する単一部品のものである．それゆえ，複数の部品で構成される機械となると，部品単位のブロック線図の組合せで考えては相当複雑なブロック線図となる．したがって，ブロック線図を用いて制御系の解析を行う場合，後述する結合や等価変換を利用するために図 4·3 のような統一された表示方法が必要となる．

❷　ブロック線図の基本

　ブロック線図は，まず，各部品の組合せで構成される機器を基本的な表示方法にしたがって記述し，その後，より単純なブロック線図にまとめ，系全体の伝達関数を求めるという手順で用いられることが多い．

　このように，制御系全体の伝達関数を求めるためにブロック線図を利用する場合，一定の基準にしたがってブロック線図を記述する必要がある．以下ではその基本を説明する．

● 1　信号線

　図 **4・4** に示すように，ブロック線図における**信号線**とは，入力信号と出力信号などの流れる方向を矢印付き直線で示すものである．また，制御で扱う**信号**とは，変位や速度，力や電圧などであり，その信号の進む方向に矢印を付ける．

　信号線には信号の像関数（時間関数をラプラス変換したもの．例えば，信号 $x(t)$ のラプラス変換で $X(s)$ など）を書き添えるのが一般的である．

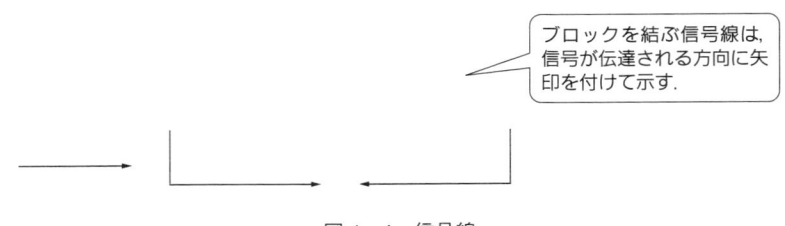

図 4・4　信号線

● 2　ブロック

　伝達関数は，受けとった入力信号が，どのような出力信号に変換されるかを示している．**ブロック**は伝達要素を表し，その中に伝達関数を書き込む（**図 4・5**）．伝達関数は $G(s)$ や $H(s)$ などの関数名で表すか，あるいは具体的な関数表示とする．

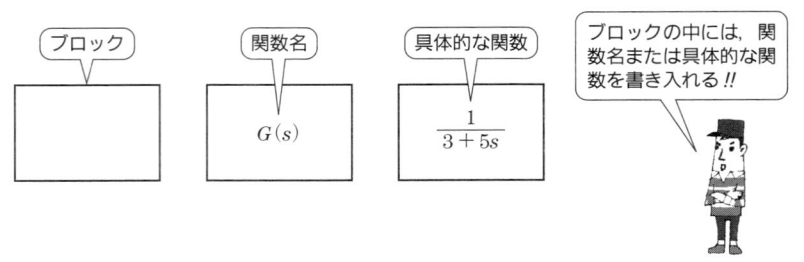

図 4・5　伝達関数とブロック

　ここで，**伝達関数**とは，2−8 節（43 ページ）で示したように，各初期値を 0（時間 $t = 0$）としたときの入力信号と出力信号をラプラス変換し，それらを比の形で示したもので定義される．

● 3　加え合わせ点

加え合わせ点は，二つの信号（三つ以上の場合もある）が入力される点を示すものである．加え合わせ点の出力側はその代数和（合成）を示す．**図 4·6** のように，○（白抜き丸）を用いて表し，信号の伝わる方向と足し引きに応じて正負の符号を付ける．

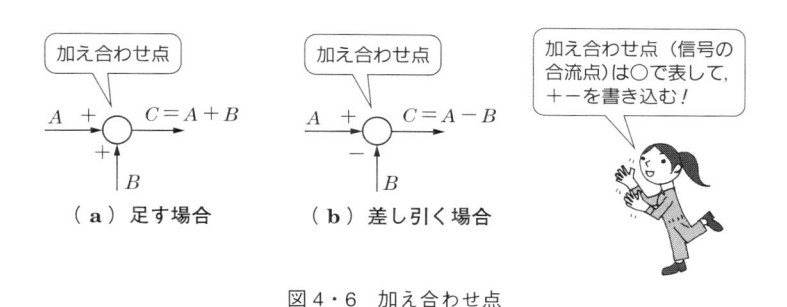

図 4·6　加え合わせ点

● 4　引き出し点

引き出し点は，一つの信号の分岐を表すものである．すなわち同じ信号が二つ以上に分岐する場合を表すものなので，引き出し点の前後で信号は変化しない．

引き出し点は，信号が分岐する部分であることを強調する意味で，●（小さい黒丸）で表す場合が多いが，単に線を分岐させる表示のものもある（**図 4·7**）．

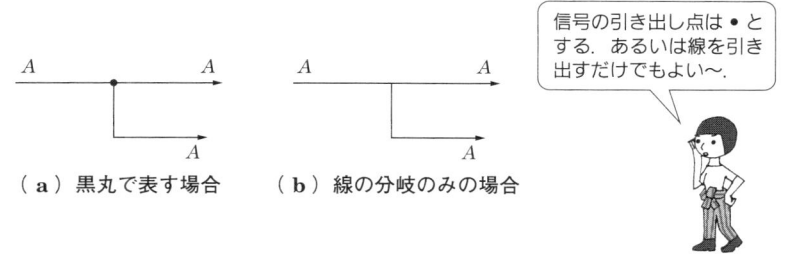

図 4·7　引き出し点

4-2

ブロック線図の基本結合則

········ ブロック線図 結合や変換一つで 扱いやすく

❶ ブロック線図の結合規則を知る.

❷ ブロック線図の変換は，部分的にも信号の流れを確かめるとよい.

　数多くの部品の集まりである機器の制御を考える場合，そのブロック線図はかなり複雑になることが予測できる．一般的に信号の流れは，最初の入力信号がある部品に加えられると，次いでその出力信号が次の部品に，また次の部品に……というように信号が伝達され，最終的な部品から必要な信号が出力されるというものである．したがって，例えば，制御を考えている機器の信号伝達にしたがい，**図 4・8** のようなブロック線図を描くこととなる．

　しかし，図 4・8 のような複雑なブロック線図から，入力信号 $X(s)$ と出力信号 $Y(s)$ の伝達関数を一見してすぐに理解することは難しい．また，機械や機器の状況から直接，**図 4・9** のような簡単なブロック線図を推測することもきわめて難

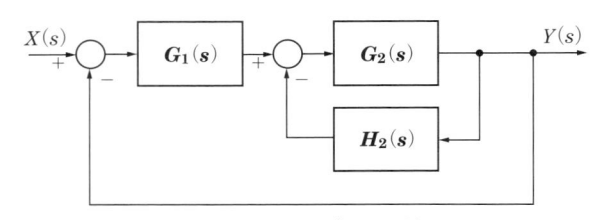

図 4・8　複雑なブロック線図

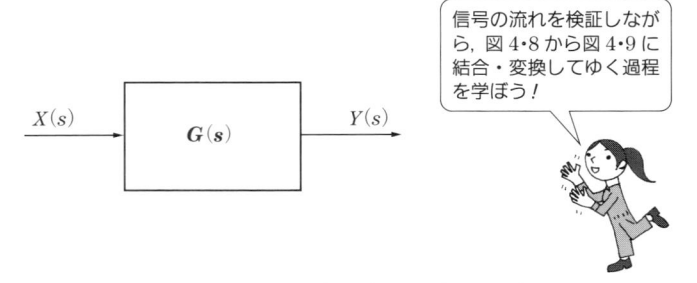

信号の流れを検証しながら，図 4・8 から図 4・9 に結合・変換してゆく過程を学ぼう！

図 4・9　制御する機器全体のブロック線図

しい．そのため，図4・8のような複雑なブロック線図から，図4・9のような単純なブロック線図へ結合し，組み合わせるため，以下に述べるような規則を知ることが必要となる．

❶ 直列結合

伝達関数がそれぞれ $G_1(s)$ と $G_2(s)$ である伝達要素が**図4・10**のように直列に接続される場合を考えてみよう．

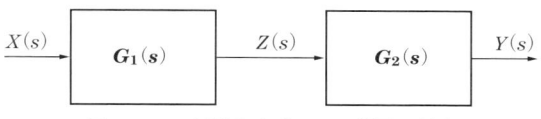

図4・10　直列するブロック線図の結合

図4・10において，入力信号，出力信号と伝達関数の関係から式を導く．まず，左側について

$$Z(s) = G_1(s)\, X(s)$$

となる．同様に，右側について

$$Y(s) = G_2(s)\, Z(s)$$

となる．この二つの式から，$Z(s)$ を消去し，入力信号 $X(s)$ と出力信号 $Y(s)$ の関係を求めると

$$Y(s) = G_2(s)\, G_1(s)\, X(s) = G(s)\, X(s)$$

となる．$G(s)$ を**合成伝達関数**といい，直列結合の場合，$G(s) = G_1(s)\, G_2(s)$，つまり，$G(s)$ は $G_1(s)$ と $G_2(s)$ の積となる．

したがって，図4・10のブロック線図は**図4・11**のようにまとめることができる．

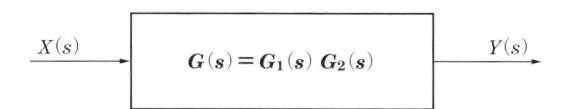

図4・11　直列するブロック線図と等価なブロック線図

❷ 並列結合

伝達関数がそれぞれ $G_1(s)$ と $G_2(s)$ である伝達要素が，**図4・12**のように並列に接続される場合を考えてみよう．

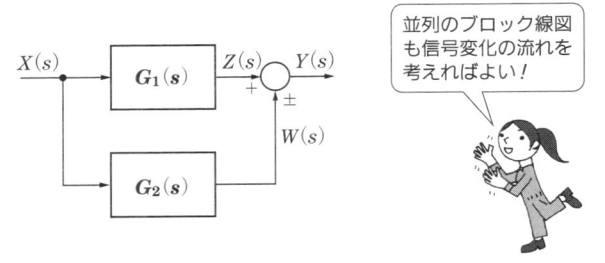

図 4・12 並列するブロック線図の結合

図 4·12 において，入力信号，出力信号と伝達関数の関係から式を導く．まず，上側について

$$Z(s) = G_1(s) X(s)$$

となる．同様に，下側について

$$W(s) = G_2(s) X(s)$$

となる．この二つの式と，図 4·12 の加え合わせ点における関係 $Y(s) = Z(s) \pm W(s)$ を用いると，入出力の関係は

$$Y(s) = \{G_1(s) \pm G_2(s)\} X(s) = G(s) X(s)$$

となり，並列結合の合成伝達関数は $G(s) = G_1(s) \pm G_2(s)$ となる．
つまり，図 4·12 のブロック線図は**図 4·13** のようまとめることができる．

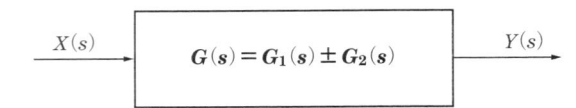

図 4・13 並列するブロック線図と等価なブロック線図

❸ フィードバック結合

図 4·14 に示すようなフィードバック接続の場合を考えてみよう．図 4·14 のフィードバックループ上部の要素 $G_1(s)$ を**前向き要素**といい，フィードバック経路にある $G_2(s)$ を**フィードバック要素**ということがある．

図 4·14 において，入力信号，出力信号と伝達関数の関係から式を導く．まず，図 4·14 の上側は，**図 4·15** (a) のように整理され

$$Y(s) = G_1(s)\{X(s) \mp Z(s)\}$$

となる．同様に，図 4·14 の下側は，図 4·15 (b) のように整理され

$$Z(s) = G_2(s)\,Y(s)$$

となる．この二つの式から $Z(s)$ を消去すると

$$Y(s) = G_1(s)\{X(s) \mp Z(s)\} = G_1(s)\{X(s) \mp G_2(s)\,Y(s)\}$$

となり，フィードバック結合の合成伝達関数は

$$G(s) = \frac{G_1(s)}{1 \pm G_1(s)G_2(s)}$$

> ここでは，結合後の伝達関数内の符号が，加え合わせ点の符号と逆になることに注意すべきである．

となる．したがって，図 4·14 のブロック線図は図 4·16 のようにまとめることができる．

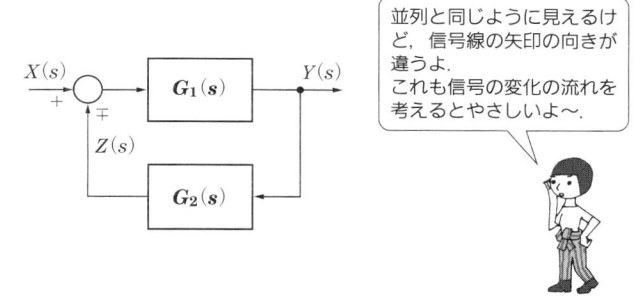

図 4·14 フィードバック接続するブロック線図の結合

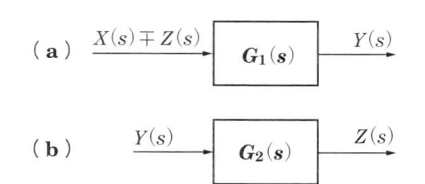

図 4·15 切り離した各ブロックの入出力信号

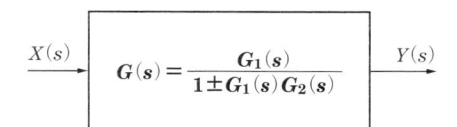

図 4·16 フィードバック接続するブロック線図と等価なブロック線図

4-3

ブロック線図の等価変換

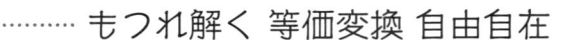

もつれ解く 等価変換 自由自在

Point
① 伝達要素の入替えを覚える.
② 信号の分岐点や加え合わせ点の変更を習得する.

　複雑なブロック線図を簡単なブロック線図にするときには，基本的な結合法則が有用であることは前節で説明したとおりである．しかしながら，基本的な結合法則だけでは十分とはいえない場合がある．

　例えば，**図 4·17** のようなブロック線図の簡略化を考えてみよう．

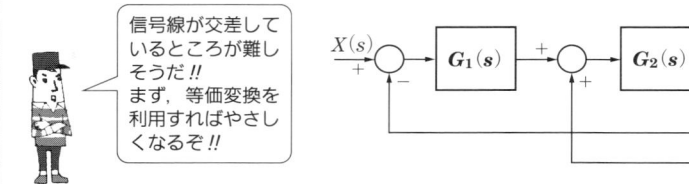

図 4・17　信号線が交差するような複雑なブロック線図

　同図では信号線が交差している．このような場合，結合法則ではなく，ブロック線図の等価変換が有効である．

　ブロック線図の**等価変換**とは，全体あるいは該当部分の入出力関係を変更することなく，伝達要素の順序を変更したり，信号の加え合わせ点の位置を変更したり，信号の引き出し点を変更することなどをいう．また，信号の入力部を変更するなど，ブロック線図から等価な別の制御方法を検討する場合などにも重要なものである．

　以下に，代表的な等価変換を説明する．

① 伝達要素の順序の変更

　図 4·18 に示すような直列配置された伝達要素の順序の変更を考える．

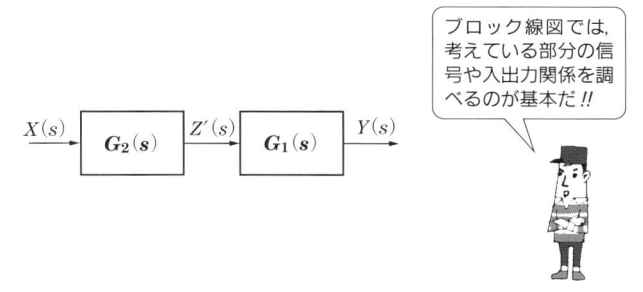

図4·18　直列配置の伝達要素

図 4·18 のブロック線図の入出力関係を考える．まず，左側は

$$Z(s) = G_1(s)\,X(s)$$

となり，右側は

$$Y(s) = G_2(s)\,Z(s)$$

となる．これらの式より，全体の入出力関係は

$$Y(s) = G_2(s)\,G_1(s)\,X(s)$$

の関係式を得る．

　同様に，図 4·18 の伝達要素の順序を変更した**図 4·19** のブロック線図の入出力関係を考える．

ブロック線図では，考えている部分の信号や入出力関係を調べるのが基本だ*!!*

図4·19　図4·18の等価変換

　左側は

$$Z'(s) = G_2(s)\,X(s)$$

となり，右側は

$$Y(s) = G_1(s)\,Z'(s)$$

となる．これらの式より

$$Y(s) = G_2(s)\,G_1(s)\,X(s)$$

の関係式を得る．

　以上のことから，直列配置された伝達要素の順序を変更してもそれらの入出力は等価な関係にあることがわかる．

② 加え合わせ点の位置の変更

図4·20 に，直列する加え合わせ点があるブロック線図の一部を示す．

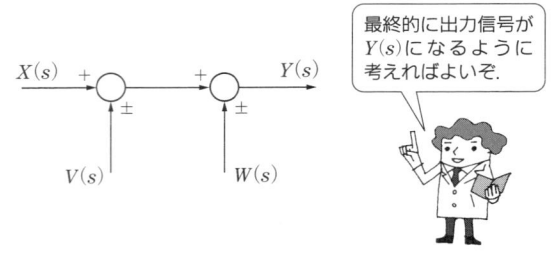

図4·20 直列する加え合わせ点

図4·20 の加え合わせ点の位置を変更したものは，**図4·21** のようなブロック線図となる．

この場合，各加え合わせ点間の中間の信号は，図4·20 は $X(s) \pm V(s)$ であるのに対し，図4·21 は $X(s) \pm W(s)$ と異なるが，全体の入出力としては等価になる．

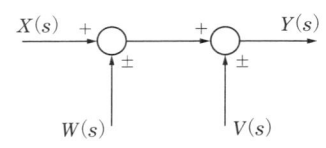

図4·21 図4·20 の等価変換

③ 伝達要素と加え合わせ点の順序の変更

図4·22 は伝達要素の後に加え合わせ点があるようなブロック線図の一部である．この加え合わせ点を伝達要素の前に移動する方法を考える．

まず，図4·22 のブロック線図の入出力関係を考えると

$$Y(s) = G(s)\,X(s) \pm Z(s)$$

となる．この式を変形すると

$$Y(s) = G(s)\,X(s) \pm Z(s)$$

$$= G(s)\left[X(s) \pm \left\{\frac{1}{G(s)}\right\}Z(s)\right]$$

となる．

つまり，上式より，

$\left[X(\mathrm{s}) \pm \left\{ \dfrac{1}{G(s)} \right\} Z(s) \right]$ が伝達関数 $G(s)$ の要素に入力されると考えればよいことがわかる．以上のことから，したがって**図 4·23** のようなブロック線図と等価であることがわかる．

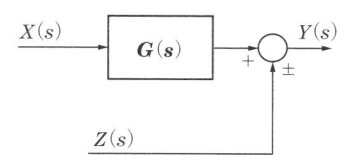

図 4·22 伝達要素後に加え合わせ点のあるブロック線図

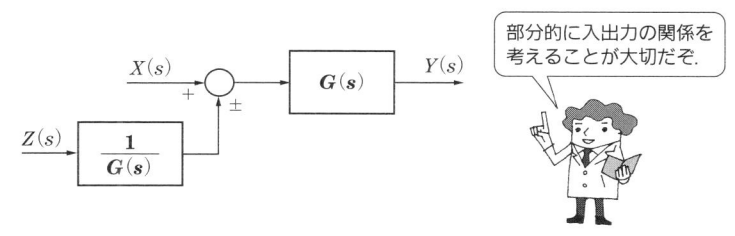

部分的に入出力の関係を考えることが大切だぞ．

図 4·23 図 4·22 の等価変換

❹ 加え合わせ点と伝達要素の順序の変更

図 4·22 とは順序が逆となる**図 4·24** のようなブロック線図の入出力関係を考えると

$$Y(s) = G(s)\{X(s) \pm Z(s)\}$$

となる．この式を変形して

$$Y(s) = G(s)\,X(s) \pm G(s)\,Z(s)$$

となる．上式から，**図 4·25** のようなブロック線図と等価であることが理解できるはずである．

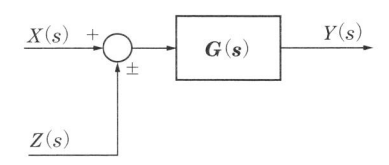

図 4·24 加え合わせ点の後に伝達要素のあるブロック線図

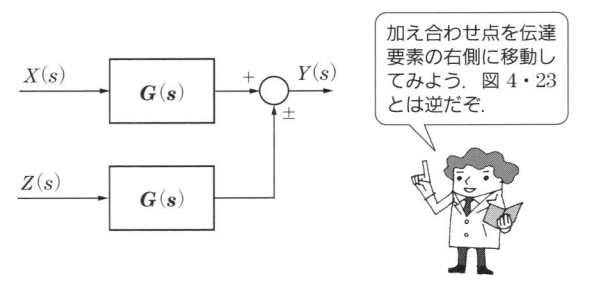

図 4・25　図 4・24 の等価変換

❺　伝達要素と引き出し点の順序の変更

　図 **4・26** は伝達要素の後に引き出し点があるようなブロック線図の一部である．ここでは，この引き出し点を伝達要素の前に移動する方法を考える．

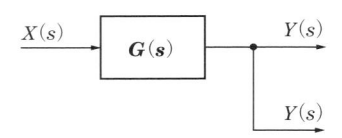

図 4・26　伝達要素の後に引き出し点のあるブロック線図

　図 4・26 のブロック線図の入出力関係を考えると

$$Y(s) = G(s)\,X(s)$$

となる．この式から，図 4・26 と等価なブロック線図は**図 4・27** となることは明白である．

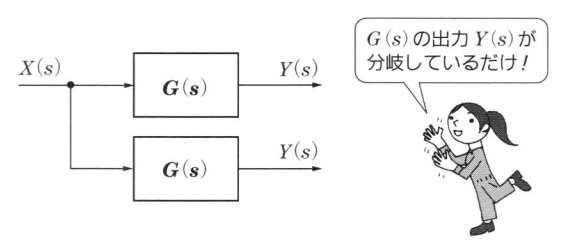

図 4・27　図 4・26 の等価変換

⑥ 引き出し点と伝達要素の順序の変更

図 **4·28** は図 4·26 と逆の配置で，伝達要素の前に引き出し点があるようなブロック線図の一部である．それぞれの入出力関係を比較すると，等価なブロック線図は**図 4·29** となることは容易に想像できるはずである．

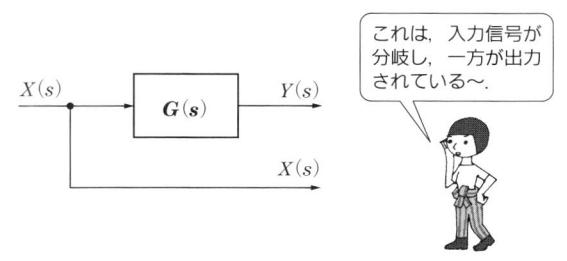

これは，入力信号が分岐し，一方が出力されている～.

図 4・28　引き出し点の後に伝達要素のあるブロック線図

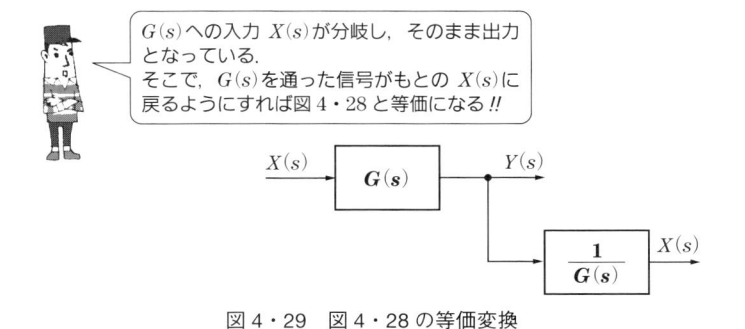

$G(s)$ への入力 $X(s)$ が分岐し，そのまま出力となっている．
そこで，$G(s)$ を通った信号がもとの $X(s)$ に戻るようにすれば図 4・28 と等価になる *!!*

図 4・29　図 4・28 の等価変換

以下のとおり，等価変換は，各伝達要素の入出力関係を分けて考え，それぞれの入出力関係が維持されるように変更すればよい．

伝達要素の順序の変更，伝達要素と加え合わせ点や引き出し点の順序の変更などは，複雑なブロック線図を簡略化するための基本法則である．

4-4

ブロック線図に関する応用例

················· 制御の流れ ブロック線図で 理解せよ！

Point
❶ 実際の回路とブロック線図を対応させる.
❷ 信号の種類で制御の流れをつかむ.

　前節までにブロック線図の基本結合則や等価変換などを説明した. ここではその応用として, **図4·30** のような **R−C**（抵抗とコンデンサ）**回路**でブロック線図の合成を説明する.

　図 4·30 (a) の $R−C$ 回路の入出力関係は, 第3章で示した一次遅れ要素である. ここで, それぞれの素子（抵抗やコンデンサ）への入力信号を考えると, 同図 (b), (c) のような部分的なブロック線図が導かれる. さらに, (b) と (c) の入出力信号などを結ぶと, 最終的なブロック線図 (d) が得られることになる.

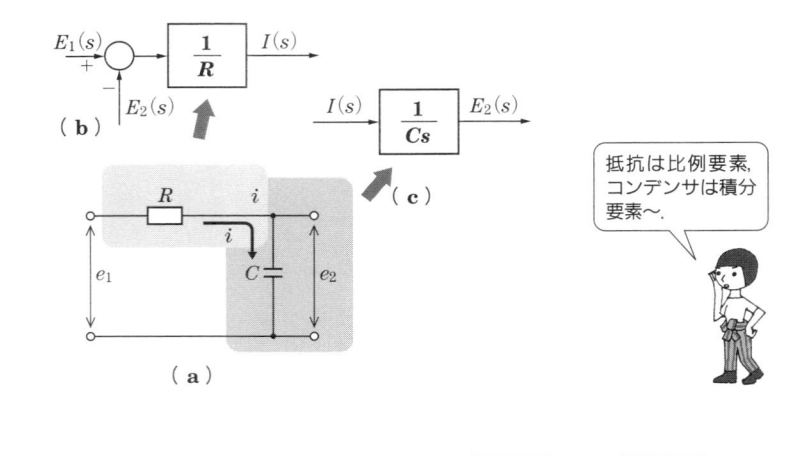

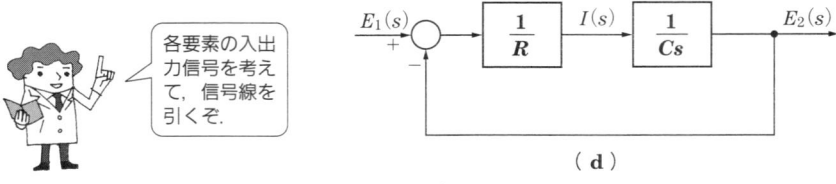

図 4・30　$R−C$ 回路のブロック線図の考え方

次に，図4·30（a）のR-C回路を二つ用意し，一方の入出力をe_1とe_2，他方をe_3とe_4とし，**図4·31**のようにR-C回路どうしを接続したものを考える．

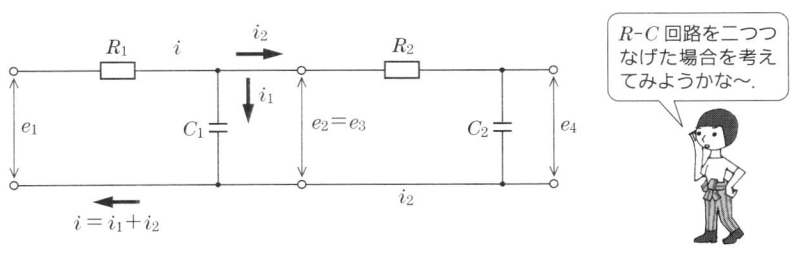

図4·31　R-C回路どうしの接続回路

ここで，図4·31のようにR-C回路を接続する前の，それぞれのブロック線図は，図4·30の例から**図4·32**（a），（b）のようになる．

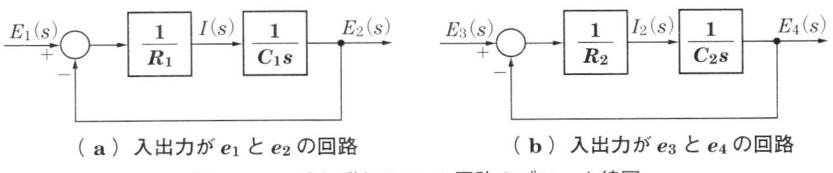

（**a**）入出力がe_1とe_2の回路　　　　　（**b**）入出力がe_3とe_4の回路

図4·32　それぞれのR-C回路のブロック線図

図4·32の（a）と（b）を接続する際に，（a）の信号の流れと図4·31を比べると，次のようなことがわかる．

図4·31の左側のR_1を流れる電流（ラプラス変換後で考える）を$I(s)$とすると，$I(s)$は図4·31の左側のコンデンサに流れる$I_1(s)$と，右側の抵抗に流れる$I_2(s)$に分かれる．ここで，$I_1(s)$は$I(s)$と$I_2(s)$による偏差$\{I(s)-I_2(s)\}$と考える．

このように考え，図4·31の右側の回路と比較すると，信号として電流$I_2(s)$があるのは，抵抗とコンデンサの間のみである．そこで，結果として**図4·33**になることがわかるはずである．

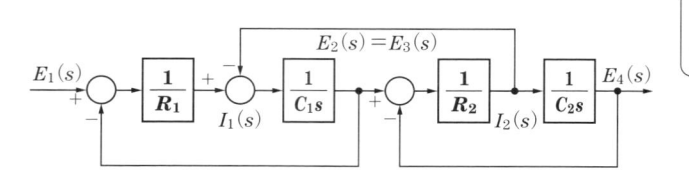

図4・31の回路を考えると，左のブロック線図が導かれるぞ.

図4・33　図4・31の R–C 回路のブロック線図

図4・33の上部の信号線を最外部に等価変換すると，**図4・34** のようになる.

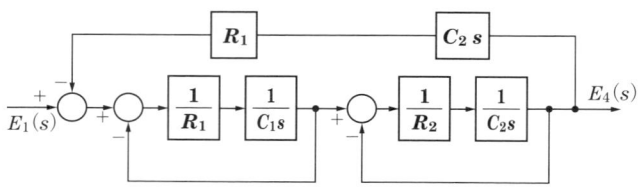

図4・34　図4・33の等価変換

次に，図4・34のそれぞれ直列配置の伝達要素を結合し，左右それぞれの内側のフィードバックループを等価変換すると**図4・35** のようになる.

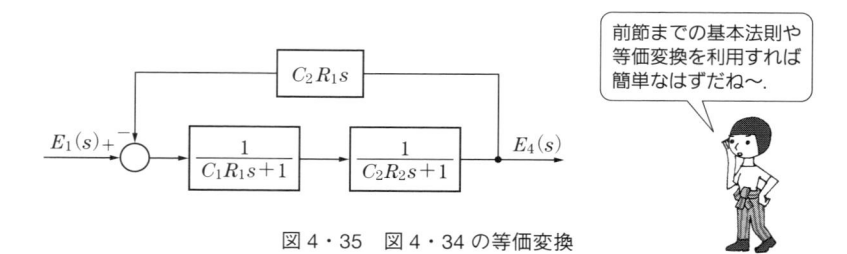

前節までの基本法則や等価変換を利用すれば簡単なはずだね〜.

図4・35　図4・34の等価変換

さらに，図4・35に示されたフィードバックループ内の直列配置の伝達要素を

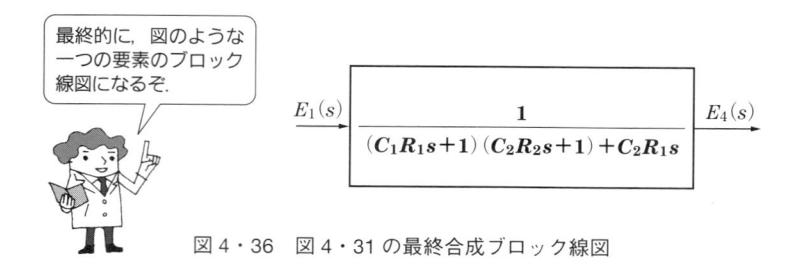

最終的に，図のような一つの要素のブロック線図になるぞ.

$$E_1(s) \quad \frac{1}{(C_1R_1s+1)(C_2R_2s+1)+C_2R_1s} \quad E_4(s)$$

図4・36　図4・31の最終合成ブロック線図

結合し，フィードバック接続を結合すると**図 4·36** に示すような合成ブロック線図が得られる．

COLUMN　電流と信号の分岐 ••

　引き出し点では，いくら信号を取り出してももとの信号は減らない．つまり，キルヒホッフの第 1 法則が成立しない．

　例えば，**図 4·37**（a）の電気回路では，大きさ i_1 の電流が二つ（i_2 と i_3）に分岐すると，その前後で $i_1 = i_2 + i_3$ の関係が維持され，キルヒホッフの第 1 法則が成立する．別の見方をすれば，電流 i_1 が分岐点で 2 方向に分かれ，一方の電流が i_2 とすれば，残る一方の電流は $i_3 = i_1 - i_2$ で算出できる．

　一方，図 4·37（b）のブロック線図では，信号の大きさや量を示しているのではなく，どのような信号が伝達されているのかを示している．それゆえ，引き出し点では，$I_1 = I_2 = I_3$ の関係が常に成り立っている．

　つまり，ブロック線図では，図 4·37（a）のような信号量の足し引きは加え合わせ点で行われる．

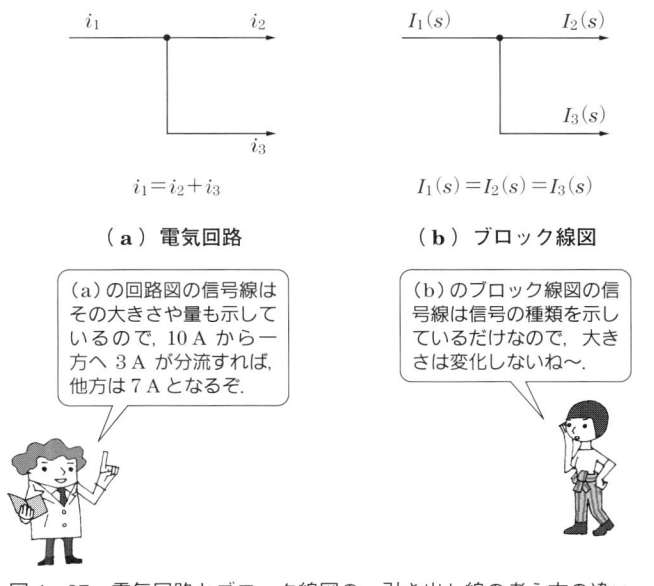

$i_1 = i_2 + i_3$　　　　　$I_1(s) = I_2(s) = I_3(s)$

（a）電気回路　　　　　**（b）ブロック線図**

（a）の回路図の信号線はその大きさや量も示しているので，10 A から一方へ 3 A が分流すれば，他方は 7 A となるぞ．

（b）のブロック線図の信号線は信号の種類を示しているだけなので，大きさは変化しないね〜．

図 4・37　電気回路とブロック線図の，引き出し線の考え方の違い

　実際の信号では，必要な信号のほかに高周波数のノイズが含まれてしまうことが多い．そこで，**図4・38** のような周波数特性をもつフィルタ回路を用いる．

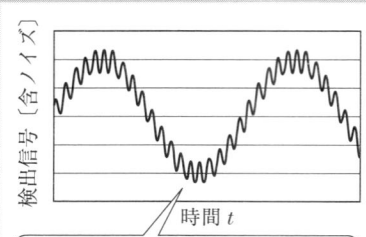

〔**課題**〕低周波に高周波の細かいノイズが載っている．この細かい波をとりのぞきたい．

〔**方法**〕A の範囲（低周波数）は，ゲインが 0 dB なので，振幅の変化はない．しかし，B の範囲（高周波）はゲインが小さいので，低周波に比べると，出力はほとんど 0 となる．つまり，高周波はカットされる．

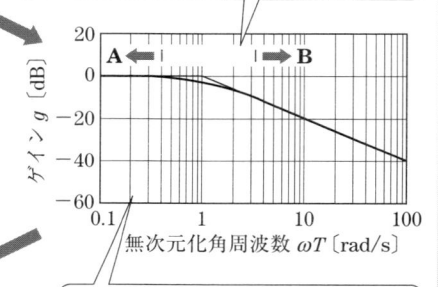

〔**結果**〕高周波の振幅はフィルタにより非常に小さくなり，とりのぞかれたようになる．

このようなゲインのフィルタを**ローパスフィルタ**という．
例えば，比例要素のような，すべての周波数が同じゲインとなるフィルタでは入力と同じ出力となってノイズがとりのぞけない．

このノイズの周波数がゲイン特性の横軸で，1 よりも右の B の範囲に入るように時定数 T を決めればいいぞ．

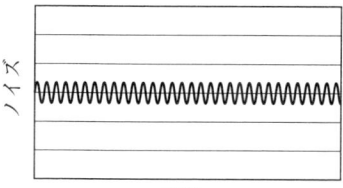

図 4・38　ローパスフィルタの原理

章 末 問 題

問題1 図 **4·39** のようなブロック線図において，入力信号 $X(s)$ と出力信号 $Y(s)$ 間の伝達関数 $G(s) = \dfrac{Y(s)}{X(s)}$ を求めなさい．

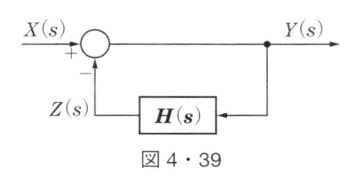

図 4・39

問題2 図 **4·40** のようなブロック線図の合成伝達関数 $G(s) = \dfrac{C(s)}{R(s)}$ を求めなさい．

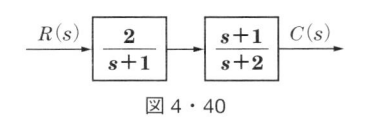

図 4・40

問題3 図 **4·41** のようなブロック線図において，入力信号 $R(s)$ と出力信号 $C(s)$ 間の伝達関数 $G(s) = \dfrac{C(s)}{R(s)}$ を求めなさい．

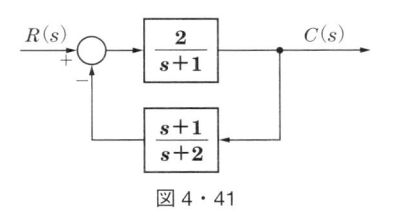

図 4・41

問題4 図 **4·42** のブロック線において，入力信号 $R(s)$ と出力信号 $C(s)$ 間の等価な伝達関数を表す式として，正しいのは次のうちどれか．

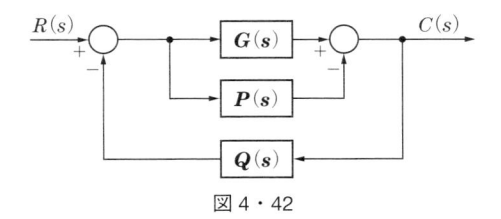

図 4・42

(1) $\dfrac{G(s)\,Q(s)}{1+G(s)\,P(s)\,Q(s)}$ (2) $\dfrac{G(s)+P(s)}{1-\{G(s)+P(s)\}Q(s)}$

(3) $\dfrac{G(s)\,P(s)}{1+G(s)\,P(s)\,Q(s)}$ (4) $\dfrac{G(s)-P(s)}{1+\{G(s)-P(s)\}Q(s)}$

(5) $\dfrac{G(s)\,P(s)}{1+\{G(s)-P(s)\}Q(s)}$

問題 5 次のブロック線図（図 **4・43**）を入力信号 $R(s)$ と出力信号 $C(s)$ 間の単一なブロック線図に変換しなさい.

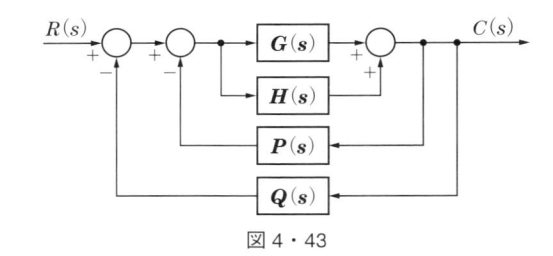

図 4・43

問題 6 次のブロック線図（図 **4・44**）において，入力信号 $R(s)$ と出力信号 $C(s)$ 間の合成伝達関数を図式的に求めなさい.

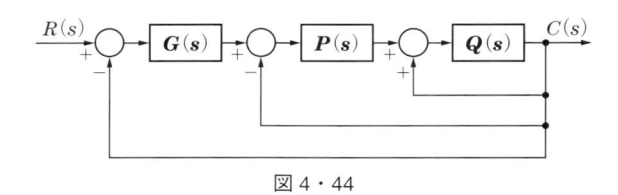

図 4・44

問題 7 次のブロック線図（図 **4・45**）を，入力信号 $R(s)$ と出力信号 $C(s)$ 間の単一なブロック線図に変換しなさい.

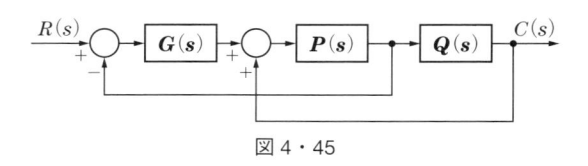

図 4・45

問題 8 次のブロック線図（図 **4・46**）において，入力信号 $R(s)$ と出力信号 $C(s)$ 間の合成伝達関数を図式的に求めなさい.

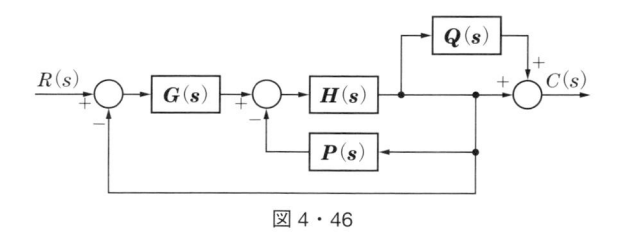

図 4・46

問題 9 図 **4・47** のブロック線図を入力信号 $X(s)$ と出力信号 $Y(s)$ 間の単一なブロック線図に変換しなさい（合成ブロック線図を求める）.

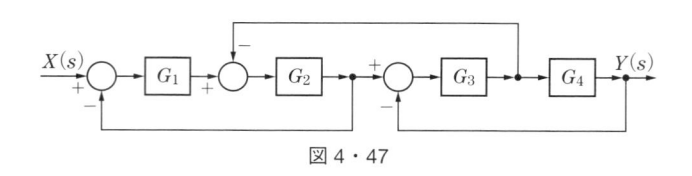

図 4・47

第5章

過渡応答

　一般に，「機械・装置などの制御系がどのような動作をするか」を特性といい，とくに，入力信号に対する出力信号の変化を，出力特性，あるいは応答という．

　過渡応答とは，制御系に入力信号が初めて加えられた（例えば電源が入った）とき，あるいは定常状態にある制御系の目標値が変わったり，外乱が加わったりしたときのように，制御系の入力が突然変化して定常状態が乱されたとき，過渡状態を経て再び定常状態（平衡状態と考えてもよい）になるまでの出力の時間的経過をいう．

　代表的な入力信号に対しての過渡応答を得ることにより，時間領域での制御系の動特性を調べる方法を過渡応答法という．

　本章では，代表的な制御要素の過渡応答について解説する．

5-1

制御要素の応答と入力信号

打てば響く 音の良し悪し 過渡応答

❶ 過渡応答は，入力に対する出力の時間変化である．
❷ 過渡応答の代表的な入力は，階段状のステップ入力である．

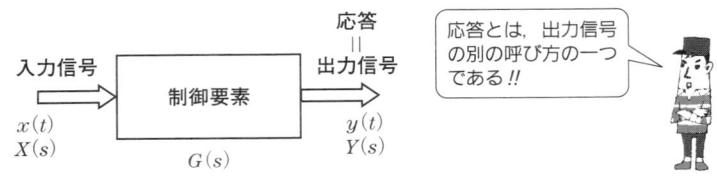

図5・1　制御要素の応答

　制御要素に，入力信号が加わったときの出力信号を，**応答（レスポンス）**という（**図5・1**）．この応答が入力信号によってどのように変化するのかを調べることで，その機械の特性を押さえ，制御する術を知ることができる．

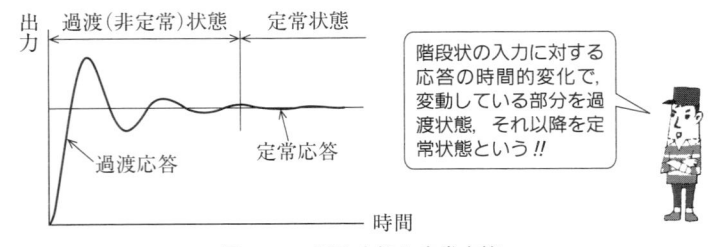

図5・2　過渡応答と定常応答

　図5・2は，階段状の入力信号（ステップ入力）が制御系に加わったときの出力信号の時間的変化を示したものである．出力信号は，入力信号の変化の影響が時間の経過とともになくなり，やがて一定の落ち着いた状況（平衡状態）になる．この平衡状態を**定常状態**といい，それまでの状態を**過渡状態**あるいは**非定常状態**という．また，定常状態の出力信号を**定常応答**，過渡状態の出力信号を**過渡応答**と呼ぶ．このように，入力信号を加えたとき，出力側に現れる応答の時間的経過を調べる方法を**過渡応答法**という．

実際の制御では，図 5・2 に示した定常状態になった後，制御系に対して，目標値に変化が生じることや，加えて，外乱も想定される．したがって，制御系の定常状態が乱され，過渡状態を経て再び定常状態に戻るまでの応答などを解析することも必要である．

しかし，制御系で応答を調べるために利用する入力信号は，実際の地震波や，実用上で起こりうる信号（例えば，**図 5・3** に示すような信号）ではあまりにも複雑すぎて，個々の応答の特性を詳細に検証することや，制御系の特性を判断することが難しい．

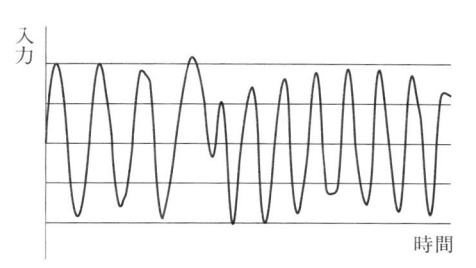

制御系に加わる入力は，実際には図のような複雑なものである*!!* しかし，これでは複雑すぎて，個々の制御特性を明らかにできないので，基本的な入力を扱うことになる*!!*

図 5・3　複雑な入力信号の例

したがって，制御系の過渡応答を調べるための入力信号として，**表 5・1**（次ページ）に示す 3 種類（ステップ入力と単位ステップ入力は同種とする）が主に用いられている．

表 5・1 に示した 3 種類の信号には

　　　　（ランプ入力（$h=1$）の導関数）＝（単位ステップ入力）

　　　　（単位ステップ入力の導関数）＝（インパルス入力）

という関係が成り立っている．

表 5・1 に示すような入力信号を用い，ラプラス変換やラプラス逆変換を利用して応答を解析するのも過渡応答の一つである．

インパルス入力は，すべての周波数の成分を含んでいる特殊な信号で，$\cos(t)$, $\cos(2t)$, $\cos(3t)$, $\cdots$, $\cos(nt)$, $\cdots$ のように，すべての周波数を含んでいるぞ．
そのため，インパルスに近いピストルの発射音などが劇場の音響評価にも用いられているぞ．

図 **5·4** に，既知の伝達関数 $G(s)$ の制御系に単位ステップ入力，あるいはインパルス入力があった場合の過渡応答の求め方を示しておく．

表 5・1　過渡応答の解析に用いる入力信号

入力信号	概略図	出力の呼び名	備　考
ステップ入力 （階段状入力）		ステップ応答	$x(t) = a$　$(t>0)$ $x(t) = 0$　$(t<0)$ $x(0) = \dfrac{a}{2}$ とする．
単位ステップ入力 （インディシャル入力）		インディシャル応答 あるいは 単位ステップ応答	$x(t) = 1$　$(t>0)$ $x(t) = 0$　$(t<0)$ $x(0) = 0.5$ とする． ステップ入力で $a=1$ の特別の場合で，$u(t)$ と表記することもある．
インパルス入力		インパルス応答	$x(t) \to \infty$　$(t=0)$ $x(t) = 0$　$(t\neq0)$ デルタ関数といい，一般的に $\delta(t)$ と表記する．ハンマで一瞬たたいたように瞬間的にとび出している関数と思えばよい．
ランプ入力 （定速度入力）		ランプ応答	$x(t) = ht$　$(t\geqq0)$ $x(t) = 0$　$(t<0)$

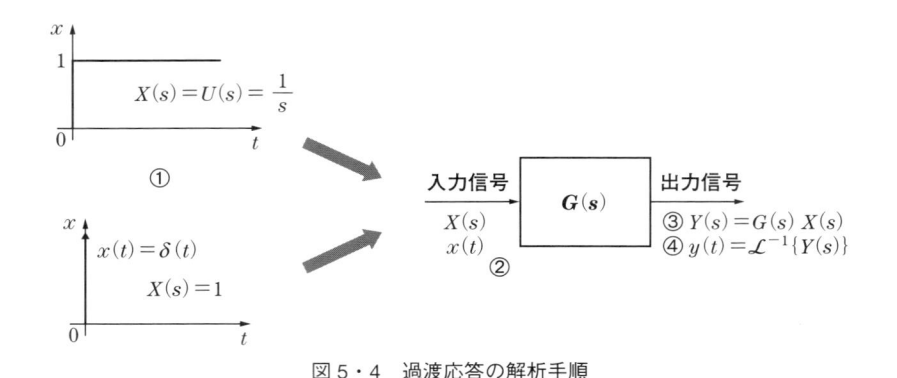

図 5・4　過渡応答の解析手順

図5・4において，① 入力信号 $x(t)$ のラプラス変換を ② $X(s)$ とし，制御系の伝達関数を $G(s)$ とすれば，出力信号のラプラス変換 $Y(s)$ は，入力信号，伝達関数および出力信号の関係から

$$③ \quad Y(s) = G(s)\,X(s)$$

となる．この $Y(s)$ をラプラス逆変換すれば

$$④ \quad y(t) = \mathcal{L}^{-1}\{Y(s)\} = \mathcal{L}^{-1}\{G(s)\,X(s)\}$$

のようになり，$y(t)$ を求めることができる．つまり，基本的な伝達関数をもつ制御系の応答を求めることができる．

伝達関数 $G(s)$ と入力信号 $X(s)$ から出力信号 $y(t)$ が求められる！

次ページ以降，図5・4に示す伝達関数 $G(s)$ が比例要素，積分要素，微分要素，一次遅れ要素および二次遅れ要素となる場合を例に，インディシャル応答（単位ステップ応答）およびインパルス応答の詳細を示す．

ステップ入力の具体的な例としては，電気回路の定電圧電源のスイッチを入れた場合，あるいは，ある状態から電圧などを上昇させた場合，電動機や原動機の回転数をある一定値からある一定値まで上げた場合などがある．

また，**インパルス入力**としては，残響効果などの応答に用いるピストルの発射音や風船などの破裂音，ハンマなどでたたいた入力などがある．なお，ピストルの発射音は劇場などの音響評価に用いられている．

COLUMN　マイコンと PC ··

　マイコンとは，マイクロコンピュータの略称で，超小（マイクロ）型のコンピュータを意味するものであった．マイコン以前のコンピュータは，1 部屋を独占するような大きさであり，ミニコンピュータと呼ばれるものでさえ冷蔵庫くらいの大きさがあり，大企業や研究所・大学向けであった．

　その後，IC（集積回路），LSI（大規模集積回路），VLSI（超大規模集積回路），ULSI（超々大規模集積回路）と集積回路（現在は，単に IC チップや LSI と表現している）が進歩し，中央処理装置と呼んでいたコンピュータ装置の中枢部が，親指ほどの大きさの IC チップ，CPU（日本語訳は中央処理装置）だけとなり，個人向けのコンピュータに搭載されて販売された．

　このころから，マイコンに「マイ（私の）」の意味が付加されたと思われる．

　そして，IBM-PC が発売されたころから，パーソナルコンピュータの略称で PC となった．一巡して現在では，CPU やメモリなどを一つの LSI チップに集積した回路を，当初のマイクロコンピュータの略として，マイコンと呼んでいる．

5-2

基本要素の過渡応答

制御のイロハ 比例と微・積分要素で 過渡応答

図 5·5 に示すような単位ステップ入力信号が，制御の基本的な要素である比例要素，積分要素および微分要素のそれぞれに加えられたときの応答を求めてみよう．

❶ 比例要素の過渡応答

入力信号 $x(t)$ のラプラス変換 $X(s)$ は

$$X(s) = \frac{1}{s}$$

である．比例要素の伝達関数は

$$G(s) = K \quad (K：ゲイン定数)$$

となることから，出力信号のラプラス変換である $Y(s)$ は

$$Y(s) = G(s)\,X(s) = K\frac{1}{s} = \frac{K}{s}$$

と求められる．したがって，出力信号 $y(t)$ は $Y(s)$ をラプラス逆変換（付録2〔205 ページ〕のラプラス変換表を用いる．以下同様）して求めることができる．

$y(t)$ の変化を**図 5·6** に示す．

$$y(t) = \mathcal{L}^{-1}\{Y(s)\}$$
$$= K$$

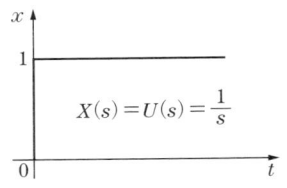

図 5・5　単位ステップ入力信号

「ゲイン」とは，入出力の比率を示している．
簡単にいえば，出力が入力の何倍になるかを示し，通常 dB（デシベル）表示だぞ．

図 5・6　比例要素のインディシャル応答

❷ 積分要素の過渡応答

積分要素の伝達関数は，次ページのようになる．

$$G(s) = \frac{K}{s} \quad (K : \text{ゲイン定数})$$

ここで，出力信号のラプラス変換である $Y(s)$ は，次のように求めることができる．

$$Y(s) = \frac{K}{s} \frac{1}{s} = \frac{K}{s^2}$$

続いて，出力信号 $y(t)$ は $Y(s)$ をラプラス逆変換して求めることができる．$y(t)$ の変化を図 **5・7** に示す．

$$y(t) = \mathcal{L}^{-1}\{Y(s)\}$$
$$= Kt$$

積分要素なので，簡単にいえば，図 5・5 を積分したものになるね．
つまり，図 5・5 の時間 t までの面積を計算することになるね～．

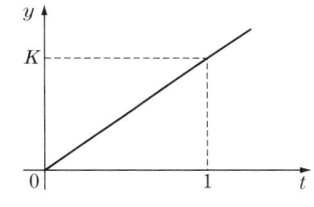

図 5・7　積分要素のインディシャル応答

❸　微分要素の過渡応答

微分要素の伝達関数は

$$G(s) = Ks$$

であるので，出力信号のラプラス変換である $Y(s)$ は，次のように求めることができる．

$$Y(s) = Ks \frac{1}{s} = K$$

続いて，出力信号 $y(t)$ は $Y(s)$ をラプラス逆変換して求めることができる．$y(t)$ の変化は図 **5・8** となる．

$$y(t) = \mathcal{L}^{-1}\{Y(s)\}$$
$$= K\delta(t)$$

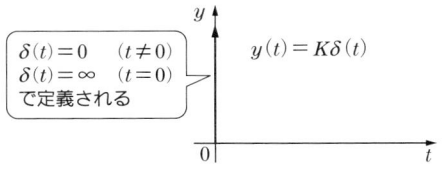

$\delta(t) = 0 \quad (t \neq 0)$
$\delta(t) = \infty \quad (t = 0)$
で定義される

$y(t) = K\delta(t)$

図 5・8　微分要素のインディシャル応答

5-3

一次遅れ要素のインディシャル応答

インディシャル制御の目安は 63.2%

❶ 時定数は最終値の 63.2% になるまでの時間である.
❷ インディシャル応答の微分はインパルス応答である.

一次遅れ要素に，図 5·5 に示したような単位ステップ入力（インディシャル入力）が加わるとき，入力信号である単位ステップ入力 $x(t)$ のラプラス変換 $X(s)$ は

$$X(s) = \frac{1}{s}$$

である．また，伝達関数は一次遅れ要素であるので

$$G(s) = \frac{K}{Ts+1}$$

となる．ここで，K はゲイン定数であり，T は時定数である．

次に，$G(s)$ と $X(s)$ から出力信号のラプラス変換 $Y(s)$ を求めると

$$Y(s) = G(s)X(s) = \frac{K}{Ts+1}\frac{1}{s} = \frac{K}{s(Ts+1)}$$

となる．

> ラプラス変換は，変換表を用いて行えばよい！

上式をラプラス逆変換するために，$Y(s)$ を部分分数に展開すると

$$Y(s) = \frac{K}{s(Ts+1)} = K\left(\frac{1}{s} - \frac{1}{s+\dfrac{1}{T}}\right)$$

> 部分分数に展開する方法は第 2 章を参照する!!

となる．したがって，出力信号 $y(t)$ は $Y(s)$ をラプラス逆変換して求めることができる．

$$y(t) = \mathcal{L}^{-1}\{Y(s)\}$$
$$= K(1-e^{-\frac{t}{T}})$$

> ラプラス変換表より
> $$\frac{1}{s} \longrightarrow 1$$
> $$\frac{1}{(s+\alpha)} \longrightarrow e^{-\alpha t}$$

以上より，ゲイン定数 $K=1$ とした一次遅れ要素のインディシャル応答を示したものは，**図 5·9** のようになる．

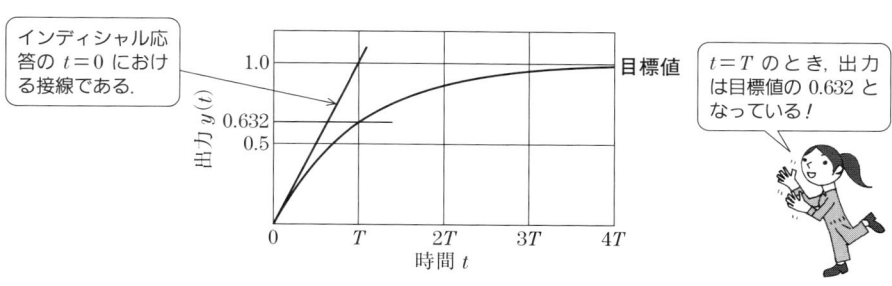

図 5・9　一次遅れ要素のインディシャル応答

インディシャル応答の式から，その導関数を求めると

$$y'(t) = \frac{1}{T} e^{-\frac{t}{T}}$$

となり，$y'(0) = \dfrac{1}{T}$ となることがわかる．つまり，この値は $t = 0$ での接線の傾きであるので，$t = T$ において，応答 $(K=1)$ の目標値 1 となることも理解できる．

次に，$t = T$ のときの $y(T)$ を求めると

$$y(T) = (1 - e^{-\frac{t}{T}})_{t=T} = 0.632$$

となる．このことから，一次遅れの時定数は，目標値の 0.632（63.2%）に達するまでの時間を示していることがわかる．

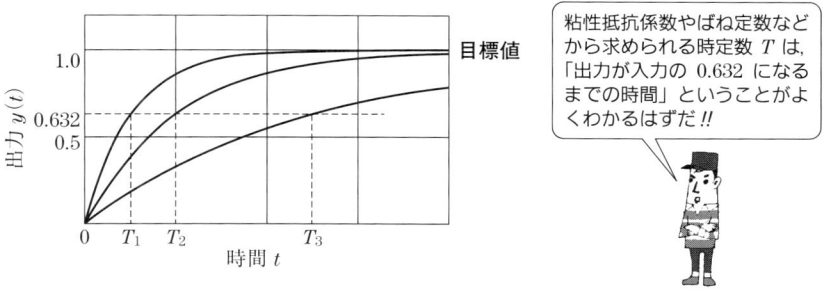

図 5・10　一次遅れ要素のインディシャル応答（時定数の影響）

図 5・10 には，$T_1 < T_2 < T_3$ というような，時定数が大中小となる 3 種のインディシャル応答を示す．この図から目標値の 63.2% で比較すると，時定数の最も小さい T_1 が目標値にすばやく近づくことがわかる．

つまり，時定数の大小は応答の速さを示している．

5-4

一次遅れ要素のインパルス応答

ピストルの 発射音を 利用する 残響試験

① インパルス応答には，特殊な δ 関数を用いる．
② インパルス入力には，すべての周波数が含まれている．

図 5·11 に示す特殊な形の関数（関数値と t 軸で囲まれる面積は 1 で，$t \neq 0$ で高さは 0，$t \to 0$ で高さが∞となる形）を，δ**関数**と呼ぶ．例えば，ピストルの発射音や集中荷重も，δ 関数とみなすこともできる．

図5·11 のような，インパルス入力信号 $x(t)$ のラプラス変換 $X(s)$ は

$$X(s) = 1$$

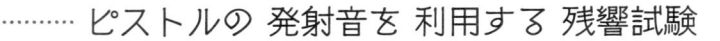

$$x(t) = \delta(t)$$
$$X(s) = 1$$

図 5·11　インパルス入力
（デルタ関数）

となる．インパルス信号は，公会堂，コンサートホールなどの残響試験（残響応答を調べる試験で，インパルス信号に近いピストル音が用いられる）や材料力学で集中荷重の問題を考えるときなどにも用いる．

次に，伝達関数は一次遅れ要素であるので

$$G(s) = \frac{K}{Ts+1}$$

と示される．ここで，K はゲイン定数であり，T は時定数である．

$G(s)$ と $X(s)$ から出力信号のラプラス変換 $Y(s)$ を求めると

$$Y(s) = G(s)\,X(s) = \frac{K}{Ts+1} \cdot 1 = \frac{K}{Ts+1}$$

となる．

この $Y(s)$ をラプラス逆変換して，$y(t)$ を求めると

$$y(t) = \frac{K}{T} e^{-\frac{t}{T}}$$

を得る．

インディシャル応答の式を微分すると，インパルス応答の式となることがわかるよ〜．

図 5·12 に，$T_1 < T_2 < T_3$ という 3 種の**インパルス応答**を示す．図から時定数の最も小さい T_1 がインパルス入力にすばやく応答し，最大値（$t = 0$ のときの値）も大きく，その後，速やかに減衰することがわかる．図 5·10 と図 5·12 の比較から，**インディシャル応答**の微分とインパルス応答が等しいことがわかる．

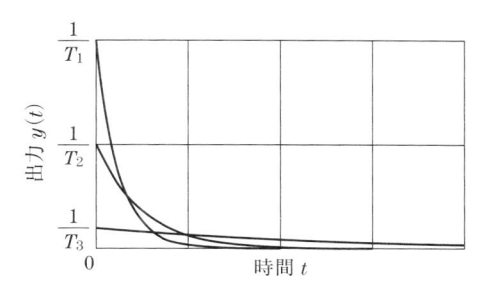

> ばねとダッシュポットの機械系で，「時定数が小さい」ということは，ばねが硬いか減衰係数が小さいことを示している！

図 5·12　一次遅れ要素のインパルス応答（$T_1 < T_2 < T_3$）

COLUMN　δ 関数 ··

　δ 関数は，箱形で面積が 1 となる関数で，**図 5·13** の幅 h をかぎりなく 0 に近づけたものと説明できる．

　代表的な δ 関数の性質は以下のとおりである．

$$\int_{-\infty}^{\infty} \delta(t)\,dt = 1, \quad \int_{-\infty}^{\infty} x(t)\delta(t)\,dt = x(0)$$

　数学的解析を容易にするため，集中加重，点電荷，各種炸裂音（さくれつ）などを δ 関数で近似することが多い．

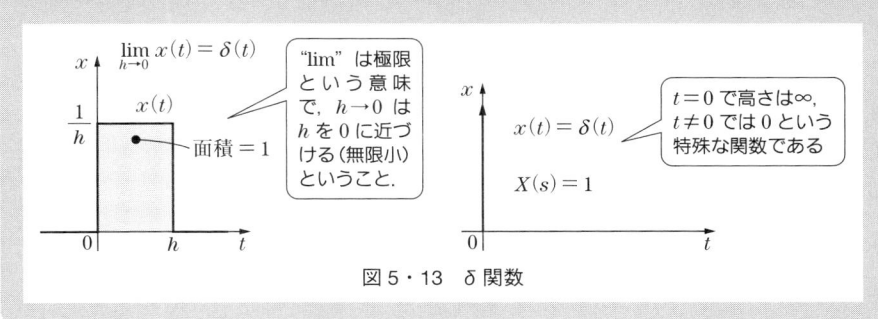

図 5·13　δ 関数

5-5

二次遅れ要素のインディシャル応答

········· 減衰係数 大小で決まる 振動形態

❶ $s^2+2\zeta\omega_n s+\omega_n{}^2=0$ の根が応答の形式を左右する.

❷ 減衰係数は,$0\leqq\zeta<1$ が制御の目安となる.

二次遅れ要素に図 5·5（92 ページ）に示した単位ステップ入力が加わる場合,入力信号 $x(t)$ のラプラス変換 $X(s)$ は

$$X(s)=\frac{1}{s}$$

である.また,伝達関数は二次遅れ要素であるので

$$G(s)=\frac{K\omega_n{}^2}{s^2+2\zeta\omega_n s+\omega_n{}^2}\qquad(\zeta>0)$$

となる.ここで,K はゲイン定数,ζ は減衰係数,ω_n は固有角周波数と呼ぶ.

次に,$G(s)$ と $X(s)$ から出力信号のラプラス変換 $Y(s)$ を求めると

$$Y(s)=G(s)\,X(s)=\frac{\omega_n{}^2}{s^2+2\zeta\omega_n s+\omega_n{}^2}\frac{1}{s}=\frac{\omega_n{}^2}{s(s^2+2\zeta\omega_n s+\omega_n{}^2)}$$

となる.ただし,$K=1$ とした.

上式をラプラス逆変換するため,$Y(s)$ の部分分数展開を次のように考える.

$$Y(s)=\frac{\omega_n{}^2}{s(s^2+2\zeta\omega_n s+\omega_n{}^2)}=\frac{\omega_n{}^2}{s(s-p)(s-q)}$$

つまり,分母の $s^2+2\zeta\omega_n s+\omega_n{}^2$ を $(s-p)(s-q)$ と因数分解できると考えるのである.このとき,p および q は二次方程式 $s^2+2\zeta\omega_n s+\omega_n{}^2=0$ の根であり,二次方程式の判別式 $\{\omega_n{}^2(\zeta^2-1)\}$ の正負,すなわち,ζ の値によって次の三つの場合に分類される.

① $0\leqq\zeta<1$ のとき,p,q は共役複素根.

② $\zeta=1$ のとき,$p=q$ で重根.

③ $\zeta>1$ のとき,p,q は相異なる二つの実根.

2 次方程式の根や判別式はこんなところにも使われている!!

① **$0 \leqq \zeta < 1$ のとき**

この場合，次のように部分分数に展開することができる．

$$Y(s) = \frac{\omega_n^2}{s(s^2 + 2\zeta\omega_n s + \omega_n^2)} = \frac{A}{s} + \frac{B}{s-p} + \frac{C}{s-q}$$

2根 p および q は

$$\begin{cases} p = -\zeta\omega_n + j\omega_n\sqrt{1-\zeta^2} \\ q = -\zeta\omega_n - j\omega_n\sqrt{1-\zeta^2} \end{cases}$$

> この場合，2-7 節の例題 2-12（41 ページ）で示す完全平方の形を用いてもよい!!

となり，$Y(s)$ を

$$Y(s) = \frac{\omega_n^2}{s(s^2 + 2\zeta\omega_n s + \omega_n^2)} = \frac{A}{s} + \frac{B}{s-p} + \frac{C}{s-q}$$

のような部分分数に展開すると仮定し，A，B，C を求めると次のようになる．

$$\begin{cases} A = 1 \\ B = -\dfrac{1}{2j} \dfrac{\zeta + j\sqrt{1-\zeta^2}}{\sqrt{1-\zeta^2}} \\ C = \dfrac{1}{2j} \dfrac{\zeta - j\sqrt{1-\zeta^2}}{\sqrt{1-\zeta^2}} \end{cases}$$

$Y(s)$ の式に，A，B と C を代入して，ラプラス逆変換すると次のようになる．

$$y(t) = 1 - \frac{e^{-\zeta\omega_n t}}{\sqrt{1-\zeta^2}} (\zeta \sin \omega_n\sqrt{1-\zeta^2}\, t + \sqrt{1-\zeta^2} \cos \omega_n\sqrt{1-\zeta^2}\, t)$$

$$= 1 - \frac{e^{-\zeta\omega_n t}}{\sqrt{1-\zeta^2}} \sin(\omega_n\sqrt{1-\zeta^2}\, t + \varphi)$$

ただし，φ は位相であり

$$\tan \varphi = \frac{\sqrt{1-\zeta^2}}{\zeta}$$

> $y(t)$ の式を整理するとき，オイラーの公式
> $$e^{\alpha + j\beta} = e^{\alpha}(\cos \beta + j \sin \beta)$$
> を用いる!!

である．

② **$\zeta = 1$ のとき**

この場合，二つの根は，$p = q = -\omega_n$（重根）となるので，$Y(s)$ の部分分数展開は次のようになる．

$$Y(s) = \frac{\omega_n^2}{s(s^2 + 2\omega_n s + \omega_n^2)} = \frac{1}{s} - \frac{1}{s+\omega_n} - \frac{\omega_n}{(s+\omega_n)^2}$$

したがって，ラプラス逆変換を行うと

$$y(t) = 1 - e^{-\omega_n t} - \omega_n t e^{-\omega_n t} = 1 - (1 + \omega_n t) e^{-\omega_n t}$$

となる.

③　$\zeta > 1$ のとき

この場合，2 実根 p および q は

$$\begin{cases} p = -\zeta\omega_n + \omega_n\sqrt{\zeta^2 - 1} \\ q = -\zeta\omega_n - \omega_n\sqrt{\zeta^2 - 1} \end{cases}$$

となり，$Y(s)$ を

$$Y(s) = \frac{\omega_n^2}{s(s^2 + 2\zeta\omega_n s + \omega_n^2)} = \frac{A}{s} + \frac{B}{s-p} + \frac{C}{s-q}$$

のような部分分数に展開すると仮定し，$A,\ B,\ C$ を求めると次のようになる.

$$\begin{cases} A = 1 \\ B = -\dfrac{1}{2}\dfrac{\zeta + \sqrt{\zeta^2 - 1}}{\sqrt{\zeta^2 - 1}} \\ C = \dfrac{1}{2}\dfrac{\zeta - \sqrt{\zeta^2 - 1}}{\sqrt{\zeta^2 - 1}} \end{cases}$$

> 部分分数に分解するのと，変換表の見方がポイントなのよ～.

$Y(s)$ の式に，$A,\ B$ と C を代入して，ラプラス逆変換すると次のようになる.

$$y(t) = 1 - \frac{e^{-\zeta\omega_n t}}{2\sqrt{\zeta^2 - 1}}\{(\zeta + \sqrt{\zeta^2 - 1})\,e^{\omega_n\sqrt{\zeta^2-1}\,t} - (\zeta - \sqrt{\zeta^2 - 1})\,e^{-\omega_n\sqrt{\zeta^2-1}\,t}\}$$

①，② および ③ の代表的な応答を**図 5·14** に示す．$0 \leqq \zeta < 1$ の範囲では，ω_n を一定（$\omega_n = 1$）としたとき応答波形は振動しながらその振幅が徐々に減少する．具体的に，$\zeta = 0.1$ と $\zeta = 0.3$ を比較すると，ζ が小さいほど立ち上がりが速いが，より定常値に落ち着くまでに時間を要することがわかる．この状態を**減衰振動**という．

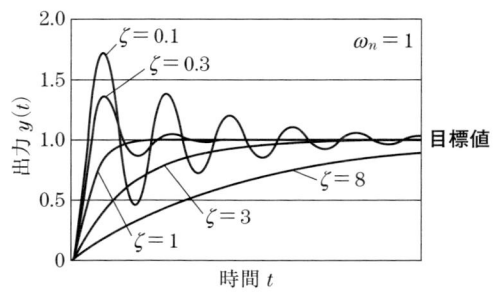

図 5·14　二次遅れ要素のインディシャル応答

ζ の極限として $\zeta = 0$ の場合，収束しない持続振動で，$y(t) = 1 - \cos\omega_n t$ となる.

同様に，$\zeta > 1$ の範囲では，ζ が大きいほど応答波形は立ち上がりが緩やかで，単調に定常値に近づくことがわかる．この状態を**過減衰**という.

$\zeta = 1$ の状態は，減衰振動と過減衰の境目であり，**臨界減衰**と呼ぶ．

　このように ζ の値は，応答の振動の有無・割合などを示すパラメータで，**減衰係数**と呼ぶ．

　次に，二次遅れ要素のインディシャル応答での過渡特性や制御状況を検討するために，減衰振動応答とその包絡線（この場合，減衰振動応答の上部の凸部，および下部の凹部のすべてに接する曲線）を**図 5・15**に，減衰振動特性（安定性）の検証を**図 5・16**（次ページ）に，固有角周波数 ω_n の影響を**図 5・17**に示す．

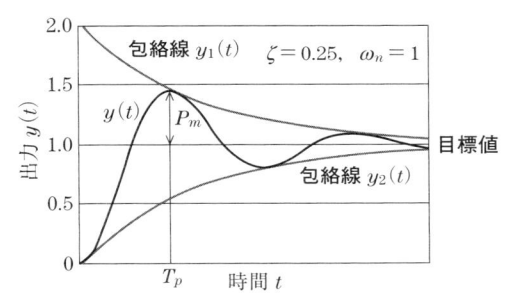

図 5・15　減衰振動応答（$\zeta = 0.25$，$\omega_n = 1$）とその包絡線

　図 5・15 において，目標値から行き過ぎた最大値である**行き過ぎ量** P_m（**オーバシュート**ともいう）を生ずるまでの時間（**行き過ぎ時間**という）を T_p とすると

$$T_p = \frac{\pi}{\omega_n\sqrt{1-\zeta^2}}$$

となり，行き過ぎ量 P_m は

$$P_m = \exp\left(-\frac{\pi\zeta}{\sqrt{1-\zeta^2}}\right) \qquad (5\cdot1)$$

となる．また，各包絡線の方程式は

$$\begin{cases} y_1(t) = 1 + \dfrac{\exp(-\zeta\omega_n t)}{\sqrt{1-\zeta^2}} \\[2mm] y_2(t) = 1 - \dfrac{\exp(-\zeta\omega_n t)}{\sqrt{1-\zeta^2}} \end{cases}$$

で示される．上記の式から，行き過ぎ時間 T_p は ζ と ω_n に関係し，ω_n に反比例し，$1-\zeta^2$ の平方根にも反比例していることがわかる．

　また，行き過ぎ量 P_m は，目標値より行き過ぎた最大値を指すが，図 5・16 に示

すように，行き過ぎた（戻り過ぎも含む）極値（極大値，極小値）を順に a_1, a_2, a_3, …とすれば，$a_1 = P_m$ となる．

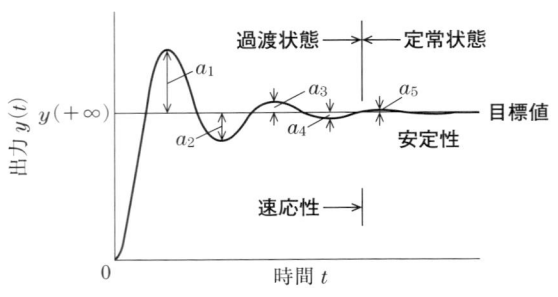

図 5・16　二次遅れ要素の減衰振動特性

ここで，一般項 a_k を求めると

$$a_k = (-1)^{k+1} \exp\left(-\frac{k\pi\zeta}{\sqrt{1-\zeta^2}}\right)$$

となり，ある k 番目と（$k+2$）番目の比より，減衰比 λ を求めると

$$\lambda = \frac{a_{k+2}}{a_k} = \exp\left(-\frac{2\pi\zeta}{\sqrt{1-\zeta^2}}\right)$$

となる．

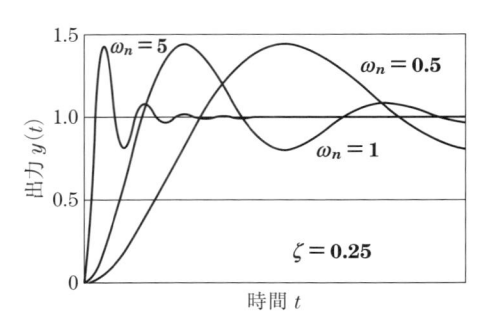

この図から，行き過ぎ量の大きさは，ω_n に関係ないことがわかる!!　また，ζ が一定のとき，ω_n が大きいほど速応性がよくなる!!

図 5・17　二次遅れ要素のインディシャル応答（ω_n の影響）

　図 5・17 では，減衰係数 ζ が等しい二次遅れ要素では，ω_n が大きいほど時間的に速い応答になり，定常状態となる時間も速いことがわかる．つまり，ω_n が大きいほど速応性がよくなる．

COLUMN　ばねとダッシュポットで振動吸収

　質量 m の衝撃吸収体は，ばねとダッシュポットで台に接した状態で図5・18に示すように設置されている．台に衝撃力が加わると，衝撃吸収体は衝撃力の一部のエネルギーを運動量に変換し，土台に伝わる衝撃力を減少させる．

　また，台から離れた衝撃吸収体は，ばねとダッシュポットにより緩やかに台に接するまで復元する．

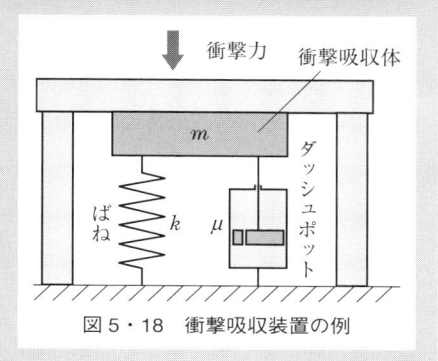

図5・18　衝撃吸収装置の例

COLUMN　ならい削り

　図5・19 は**スプール弁**（ピストン状の棒に同心円状の凹部を設け，流体の流れを変えるもの）を用いたならい削りの模式図である．**ならい削り**は合鍵製作で見かけるもので，モデルの形状をなぞりながら，モデルの形のとおりに工作物を削るものである．

　モデルの形状をなぞるトレーサはスプール弁に接続され，スプール弁はばねで押さえられている．なお，スプール弁の径は小さく，圧油が流入していても小さな力で上下動が容易にできる．そのため，モデルの形状に沿った動きがしやすい．

　トレーサの動きに合わせ，シリンダのピストンが上下し，ピストンに接続された刃物で工作物が削られる．シリンダ径が大きいので，圧油によって工作物を切削加工できるほどの力を発生させることができる．

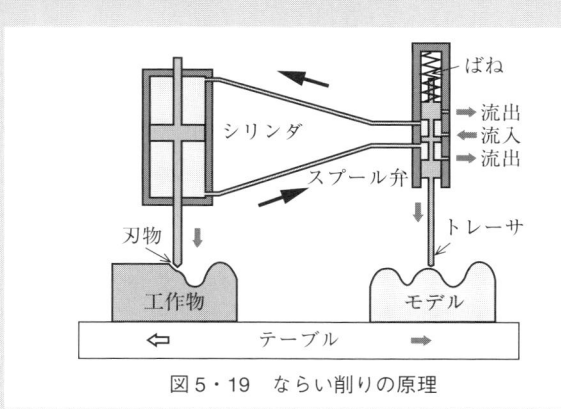

図5・19　ならい削りの原理

5-6

二次遅れ要素のインパルス応答

————— ハンマで 車輪を叩く インパルス

インパルス入力信号 $x(t)$ のラプラス変換 $X(s)$ は

$$X(s) = 1$$

である．また，伝達関数は二次遅れ要素であるので，ゲイン定数 $K=1$ として

$$G(s) = \frac{\omega_n^2}{s^2 + 2\zeta\omega_n s + \omega_n^2}$$

となる．ここで，ζ は減衰係数で，ω_n は固有角周波数である．

次に，$G(s)$ と $X(s)$ から出力信号のラプラス変換 $Y(s)$ を求めると

$$Y(s) = G(s)\,X(s) = \frac{\omega_n^2}{s^2 + 2\zeta\omega_n s + \omega_n^2} \cdot 1 = \frac{\omega_n^2}{s^2 + 2\zeta\omega_n s + \omega_n^2}$$

となる．

上式をラプラス逆変換するために，インディシャル応答（98 ページ）で示したように部分分数に分解する．まず，分母の $s^2 + 2\zeta\omega_n s + \omega_n^2$ を $(s-p)(s-q)$ と因数分解できると考えればよい．このとき，p および q は二次方程式 $s^2 + 2\zeta\omega_n s + \omega_n^2 = 0$ の根であり，ζ の値によって次の三つの場合に分類される．

① $0 \leqq \zeta < 1$ のとき，p, q は共役複素根．

② $\zeta = 1$　のとき，$p = q$ で重根．

③ $\zeta > 1$　のとき，p, q は相異なる二つの実根．

以下，インディシャル応答と同様に，それぞれの場合について $y(t)$ を示す．

① **$0 \leqq \zeta < 1$ のとき**

この場合，次のように部分分数に展開することができる．

$$Y(s) = \frac{\omega_n^2}{s^2 + 2\zeta\omega_n s + \omega_n^2} = \frac{A}{s-p} + \frac{B}{s-q}$$

ここで，2 根 p および q は

二次遅れ要素では，二次方程式の根を求めることが必要となる！

$$\begin{cases} p = -\zeta\omega_n + j\omega_n\sqrt{1-\zeta^2} \\ q = -\zeta\omega_n - j\omega_n\sqrt{1-\zeta^2} \end{cases}$$

であるので，A，B を求めると次のようになる．

$$\begin{cases} B = -A \\ A = -\dfrac{j\omega_n}{2\sqrt{1-\zeta^2}} \end{cases}$$

この求めた A と B を $Y(s)$ に代入し，ラプラス変換表を用いて逆変換を行い，式を整理すると，次のようになる．

$$y(t) = \frac{\omega_n}{\sqrt{1-\zeta^2}}\, e^{-\zeta\omega_n t} \sin \omega_n\sqrt{1-\zeta^2}\, t$$

② $\zeta = 1$ のとき

この場合，二つの根は，$p = q = -\omega_n$ となるので，$Y(s)$ は次のようになる．

$$Y(s) = \frac{\omega_n{}^2}{s^2 + 2\omega_n s + \omega_n{}^2} = \frac{\omega_n{}^2}{(s+\omega_n)^2}$$

したがって，ラプラス逆変換を行うと，次のようになる．

$$y(t) = \omega_n{}^2 t\, e^{-\omega_n t}$$

③ $\zeta > 1$ のとき

この場合，2根 p および q は

$$\begin{cases} p = -\zeta\omega_n + \omega_n\sqrt{\zeta^2-1} \\ q = -\zeta\omega_n - \omega_n\sqrt{\zeta^2-1} \end{cases}$$

となり，$Y(s)$ を

$$Y(s) = \frac{\omega_n{}^2}{s^2 + 2\zeta\omega_n s + \omega_n{}^2} = \frac{A}{s-p} + \frac{B}{s-q}$$

のような部分分数に展開すると，A，B は次のようになる．

$$\begin{cases} B = -A \\ A = -\dfrac{\omega_n}{2\sqrt{\zeta^2-1}} \end{cases}$$

求めた A と B を $Y(s)$ に代入し，ラプラス変換表を用いて逆変換を行い，式を整理すると，次のようになる．

$$y(t) = \frac{\omega_n e^{-\zeta\omega_n t}}{2\sqrt{\zeta^2-1}} \{e^{\omega_n\sqrt{\zeta^2-1}\, t} - e^{-\omega_n\sqrt{\zeta^2-1}\, t}\}$$

$$= \frac{\omega_n e^{-\zeta\omega_n t}}{\sqrt{\zeta^2-1}} \sinh \omega_n\sqrt{\zeta^2-1}\, t$$

ラプラス逆変換を行うには，変換表にある形に，式を変形することと，その方法に慣れることが大切なんだぞ．

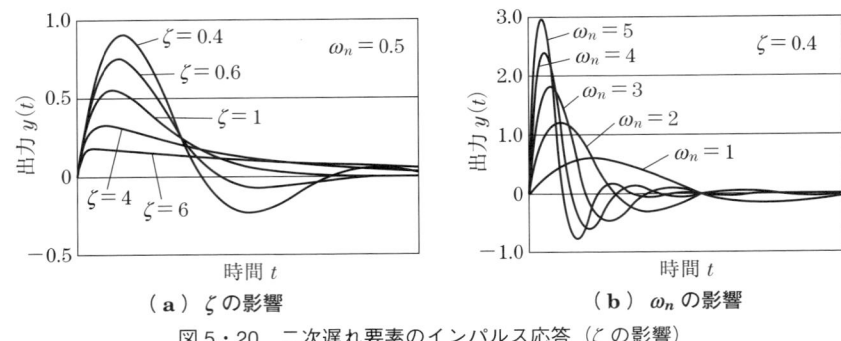

図 5・20　二次遅れ要素のインパルス応答（ζ の影響）

　ここで，sinh は**双曲線関数**と呼ばれるもので，**サインハイパボリック**あるいは**ハイパボリックサイン**と読む．また，指数関数との関係は，

$$\sinh X = \frac{e^X - e^{-X}}{2}$$

である．

　図 5・20 に二次遅れ要素のインパルス応答の ζ の影響と ω_n の影響を示す．インパルス応答もインディシャル応答と同様に，$0 \leqq \zeta < 1$ の範囲では，ω_n を一定（ここでは $\omega_n = 0.5$）としたとき，応答波形は振動しながらその振幅が徐々に減少する減衰振動を示す．また，ζ が小さいほど立ち上がりが速いが，定常値が落ち着くまでに時間を要することも同じである．

　同様に，$\zeta > 1$ の範囲では，ζ が大きいほど応答波形は立ち上がりが小さく，単調に定常値に近づく過減衰状態となる．

　$\zeta = 1$ の状態は，臨界減衰で，減衰振動と過減衰の境目となっている．

　5-4 節（96 ページ）の一次遅れ要素のインパルス応答でも述べたが，二次遅れ要素についても，インディシャル応答を微分することにより，インパルス応答を求めることができる．

　自動車のサスペンションの原理は，ばねとダッシュポットの二次遅れ要素と考えられる．ボンネット部分に瞬間的な力を加えると，図 5・20（a）に示した減衰係数 ζ が大きい場合の動きをすることがわかる．なお，減衰係数 ζ が小さい場合は図 3・3（47 ページ）のボールの落下の動作で理解できる．

　図 5・21 は，自動制御のシステムにおいてコンピュータ（例えば，PC）を利用する例である．同図において，具体的には，操作部はアクチュエータ，検出部はセンサや計測装置などと考えればよい．

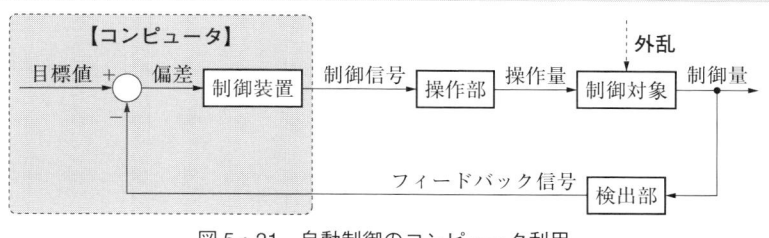

図 5・21　自動制御のコンピュータ利用

　自動制御にコンピュータを利用する場合，コンピュータの知識に加え，A/D 変換，D/A 変換，インタフェースやセンサなどの知識が必要である．

　なぜなら，コンピュータ（PC）で扱えるデータはディジタルデータなので，基本的には直流 0 V と 5 V の 2 値信号（0 と 1 に対応）と考える．したがって図 5・21 で，コンピュータに入力される直前のフィードバック信号とコンピュータから出力された直後の制御信号は，直流 0 V と 5 V の 2 値信号である．

　一般に，制御信号やフィードバック信号はアナログ信号であり，したがって，そのフィードバック信号を直接，コンピュータに入力できない，また，コンピュータの出力信号を直接，制御信号に用いることはできない．

　そこで，フィードバック信号を A/D 変換器でディジタル化することが必要となり，コンピュータの出力信号を D/A 変換器でアナログ化することが必要となる．

　さらに，信号レベルの異なる機器を接続したり，人が操作しやすいようにしたりするためには，インタフェースやヒューマンインタフェースが必要となる．

章 末 問 題

問題1 次の伝達関数について，インディシャル（単位ステップ）応答の概略図を描き，その特徴を示しなさい．

$$G(s) = \frac{6e^{-2s}}{5s+2}$$

問題2 図 5·22 の L–R 回路において，スイッチ S を閉じた（オン）とき，以下の問いに答えなさい．ただし，入力電圧 $e(t)$ は単位ステップ入力 1 V とする．

(1) L–R 回路の時定数 T を求めなさい．

(2) 電流 $i(t)$ と定常電流 $i(t \to \infty)$ を求めなさい．

(3) 定常電流 $i(t \to \infty) = 0.05$ A の 63.2% になるまでの時間が 0.004 秒であるとき，L と R を求めなさい．

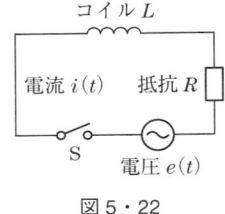

図 5·22

問題3 図 5·23 の液面制御系において，タンクへの流入流量 $q_i(t)$ が $q_0 = 2 \times 10^{-4}$ m³/s のとき，水位は 200 mm で平衡している．この状態から流入量が 5% だけステップ状に増加したとする．このときの最終平衡水位を求めなさい．

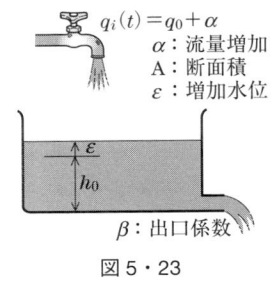

図 5·23

ここで，タンクへの流入流量 $q_i(t) = q_0 + \alpha$，液面の深さ $h(t) = h_0 + \varepsilon$ とすると，流入流量の増加分 α を入力，液面水位の変化分 ε を出力と考えた伝達関数 $G(s)$ は $G(s) = \dfrac{\beta}{1+Ts}$ で示される．ただし，β は，タンク出口の抵抗である．また，タンクの断面積 $A = 0.16$ m² とすると，系の時定数は $T = \beta A = 720\,s$ で与えられる．

問題4 図 5·24 の質量－ばね－ダッシュポット系において，$m = 1$ kg，$k = 400$ N/m とする．外力 $f(t)$ を入力，質量 m の変位 $x(t)$ を出力とするとき，ステップ応答がオーバシュートを生じない粘性抵抗係数 μ〔N/(m/s)〕の範囲を求めなさい．

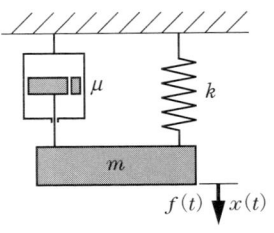

図 5·24

第6章

周波数応答

制御系の入力信号と出力信号の関係を調べる方法には，過渡応答のほかに周波数応答がある．

過渡応答が制御系の時間的応答を調べたのに対して，周波数応答は，制御系の入力信号の周波数による応答の違いを示すものである．

周波数応答は入力信号に正弦波信号を加えたときの出力信号の応答を調べる方法の一つで，正弦波信号を加えてから十分に時間が経過し，定常状態での入力と出力の振幅比と位相により動特性を把握するものである．このとき必要となるのが周波数伝達関数である．

本章では，制御系の周波数伝達関数の求め方，周波数応答の考え方などを示している．

6-1

周波数応答の考え方

周波数 違えば異なる 位相や振幅

　制御要素の特性の一つに周波数応答がある．実際の入力信号は，いろいろな周波数や振幅をもつ信号の集合である．しかし，「いろいろな信号」の集合として一括で扱うと，それに対する応答を評価することは非常に難しくなる．そこで，周波数応答では，入力信号は振幅が一定の正弦波（sin 波とも表現）信号を用い，図 **6·1** のように単純な入力に対する応答を考えることにする．

　ある制御要素に正弦波信号 $\sin \omega t$ を入力した場合，図 **6·2** のような出力信号が

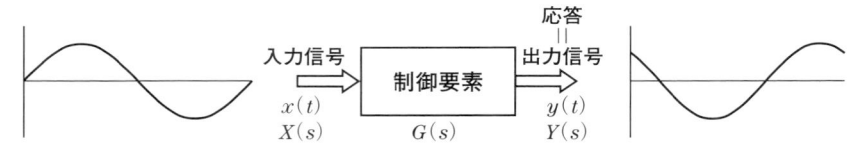

図 6・1　制御要素の周波数応答の考え方

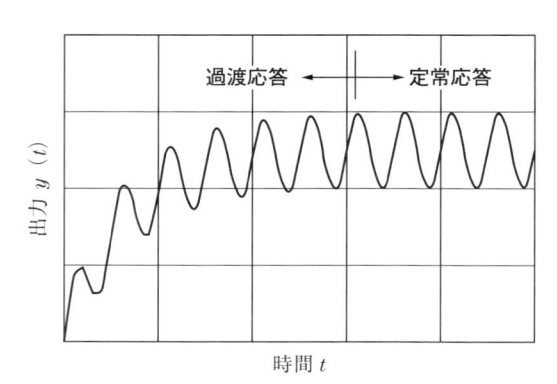

図 6・2　制御要素の実際の出力例

予測される．ここで**周波数応答**は，「波形が過渡的な状況を脱し，定常応答となった時刻以降の応答」をいい，出力の振幅や位相から，制御要素の動特性を検討する目的で利用される．

　例えば，図 6・1 に示したように，ある制御要素に正弦波信号 $\sin \omega t$ を入力した場合，一般的には角周波数 ω の大小により**図 6・3 〜 図 6・5** のような出力応答になることが考えられる．

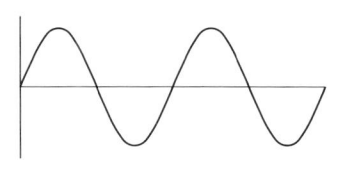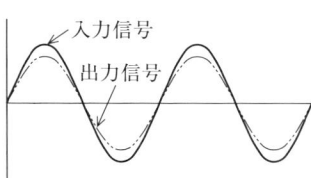

（ a ）入力信号　　　　　（ b ）入力信号と出力信号

図 6・3　角周波数 ω が小さい場合の周波数応答

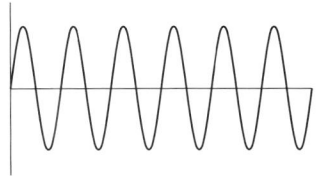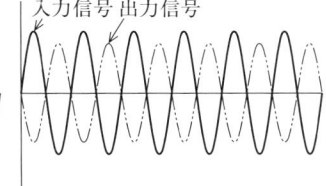

（ a ）入力信号　　　　　（ b ）入力信号と出力信号

図 6・4　角周波数 ω が大きい場合の周波数応答

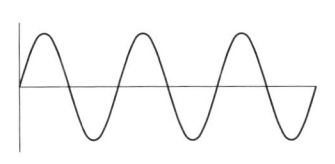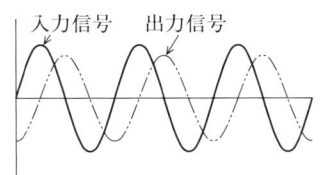

（ a ）入力信号　　　　　（ b ）入力信号と出力信号

図 6・5　角周波数 ω が中程度の場合の周波数応答

入力信号の周波数が異なると，出力の振幅や位相が違ってくるんだね〜．

図 6·3 〜 図 6·5 では，(a) に入力信号，(b) には入力信号と出力信号を位相の遅れがわかるように示した.

　いま，入力信号は正弦波であるので，

$$x(t) = A \sin(\omega t)$$

と示すことができる．ここで，A は入力信号の振幅であり，ω〔rad/s〕は角周波数である.

　上式の入力信号がある制御系に加えられると，その出力信号は過渡状態を経て定常状態となり

$$y(t) = B \sin(\omega t + \varphi)$$

のように示すことができる．ここで B は出力信号の振幅であり，φ は入力信号に対する出力信号の位相であり図 **6·6** に示す関係にある．なお，出力信号の角周波数は ω〔rad/s〕で入力信号と同じ，ω〔rad/s〕である.

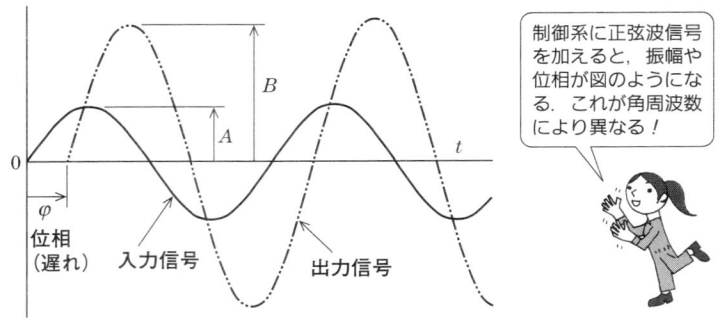

図 6·6　周波数応答での入出力信号

　図 6·6 のとおり，入出力信号の振幅比 $\dfrac{B}{A}$，および位相 φ の角周波数 ω に対する変化を調べることが周波数応答の解析である.

　なお，周波数応答を求める場合，入力信号から出力信号を求め，両者の比較から振幅比や位相を求める方法も考えられるが，制御要素の伝達関数 $G(s)$ から求めるのが一般的である.

　制御要素の伝達関数 $G(s)$ において，$s = j\omega$（j は虚数単位）とする．$G(j\omega)$ は一般に複素数となるので

$$G(j\omega) = \alpha(\omega) + j\beta(\omega)$$

と考えることができる．このとき，振幅比 $\dfrac{B}{A}$（ゲインともいう）および位相 φ は

$$
\begin{cases}
\dfrac{B}{A} = |G(j\omega)| = \sqrt{\{\alpha(\omega)\}^2 + \{\beta(\omega)\}^2} \\[3mm]
\varphi = \angle G(j\omega) = \tan^{-1}\dfrac{\beta(\omega)}{\alpha(\omega)}
\end{cases}
$$

と示すことができる．上式の，$G(j\omega)$ を **周波数伝達関数** といい，$|G(j\omega)|$ は複素数 $G(j\omega)$ の絶対値，$\angle G(j\omega)$ は複素数 $G(j\omega)$ の位相 φ である．また，$\tan^{-1}$ は逆三角関数の一種で，**アークタンジェント（インバースタンジェント）** と読む．

複素平面上の複素数 $G(j\omega)$ の絶対値と位相の関係を **図 6・7** に示す．

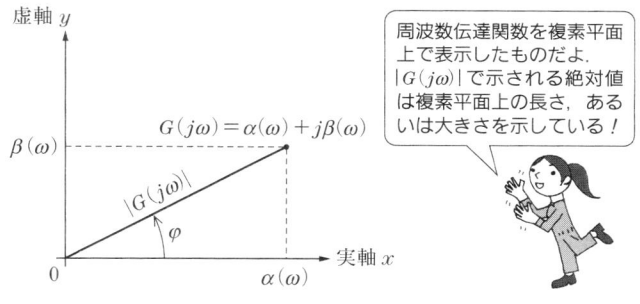

図 6・7　周波数伝達関数の絶対値と位相の関係

COLUMN　デシベルは聴覚などの感覚と合っている

音量のパワーを 2 倍にしても，人は 2 倍の音量になったとは感じない．実際には，音量はパワーの対数（$\log_{10} 2 \fallingdotseq 0.3$）に比例している．パワーの対数値の単位を B（ベル，電話機発明の A. G. Bell にちなんで）とし，通常，SI 接頭語の "d"（倍数：10^{-1}）を冠して，dB（デシベル）を用いる．

dB（d は 10 分の 1 の意）表示では，数値が 10 倍されるので，$10\log_{10} 2 \fallingdotseq 3\ \mathrm{dB}$ となる．

同じ値であるが，音量を 0.3 B 上げるというよりも 3 dB 上げるというほうが音量が大きくなった感じを与える．

6-2

周波数応答の表示とボード線図

—— ボード線図 ゲイン（振幅比）と位相 一目瞭然

❶ 入出力の振幅比と位相のずれはボード線図で示す.
❷ 一般にゲインの単位にはデシベル〔dB〕を用いる.

先に述べたとおり，入出力信号の振幅比 $\dfrac{B}{A}$ および位相 φ の角周波数 ω に対する変化が，周波数応答である．例えば，振幅 A が $1\,\mathrm{mV}$ である正弦波を入力信号として与え，以下のような結果を得たとする.

- ① 角周波数 $1\,\mathrm{rad/s}$ のとき，出力の振幅 B が $5\,000\,\mathrm{mV}$《振幅比 $5\,000$ 倍》になり，位相が入力より $90°$ 遅れていた.
- ② 角周波数を $10\,\mathrm{rad/s}$ にしたとき，出力の振幅 B が $500\,\mathrm{mV}$《500 倍》，位相は ① と同様に $90°$ 遅れていた.
- ③ 角周波数を $100\,\mathrm{rad/s}$ にしたとき，出力の振幅 B は $50\,\mathrm{mV}$《50 倍》，位相は ① と同様に $90°$ 遅れであった.
- ④ 角周波数を $1\,000\,\mathrm{rad/s}$ にしたとき，出力の振幅 B は $5\,\mathrm{mV}$《5 倍》，位相は ① と同様に $90°$ 遅れであった.

このとき，角周波数は $1\sim1\,000\,\mathrm{rad/s}$，振幅比は $5\sim5\,000$ 倍と広範囲になっている．このような広範囲の変化量の図示には，対数目盛を用いることが一般的である.

図 6·8 には，横軸に角周波数 ω〔rad/s〕を対数目盛でとり，縦軸に振幅比を対数目盛（左側の項目）にとって，ゲイン（利得）g を示し，同じ横軸の角周波数に対し，縦軸（右側の項目）に位相 φ｛（出力の位相）－（入力の位相）｝をとって，位相を示している．この両者を総称して**周波数応答線図**という.

制御要素の動特性を知るためには，過渡応答がわかりやすいが，計算が複雑である．そこで，実際の現象をゲイン曲線と位相曲線（周波数応答）の形によって調べることが多く行われる．この理由として，機器を過渡状態で使用することは少ないことがあげられる.

また，ゲイン g では，角周波数の変化に対する振幅比ではなく，振幅比の常用

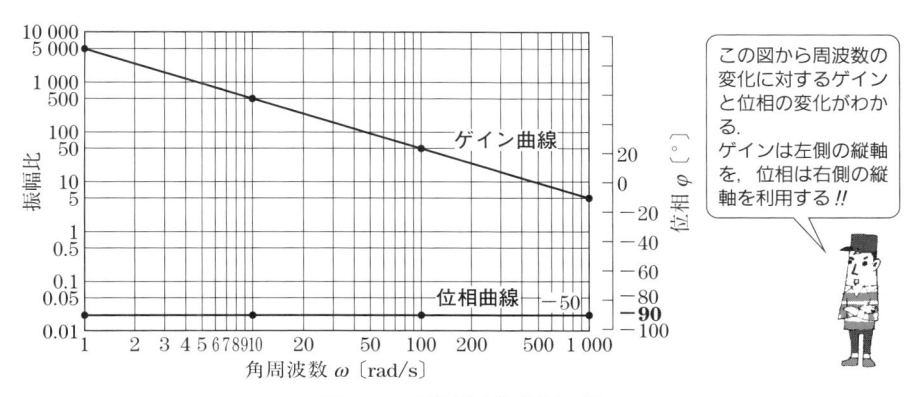

図 6・8　周波数応答線図の例

対数をとり，20 倍して

$$g = 20 \log_{10} (振幅比)$$

で算出される**デシベル（dB）表示**を用いることが多い．図 6・8 の振幅比をデシベル表示で表すと

$$\begin{cases} g = 20 \log_{10} (5\,000) = 73.98 \text{ dB} \\ g = 20 \log_{10} (500) = 53.98 \text{ dB} \\ g = 20 \log_{10} (50) = 33.98 \text{ dB} \\ g = 20 \log_{10} (5) = 13.98 \text{ dB} \end{cases}$$

制御に限らず，比をそのまま示すのではなく，デシベル表示することが多いぞ．

となり，**図 6・9** のようになる．この図は，縦軸目盛のとり方以外は図 6・8 とまったく同じである．図 6・8 と図 6・9 を比較すると，図 6・8 は振幅比が縦軸左側の対数目盛で，位相は縦軸右側の均等（方眼）目盛でわかりにくい．一方，図 6・9 の縦軸は左右とも均等目盛ですっきりした感じとなっている．

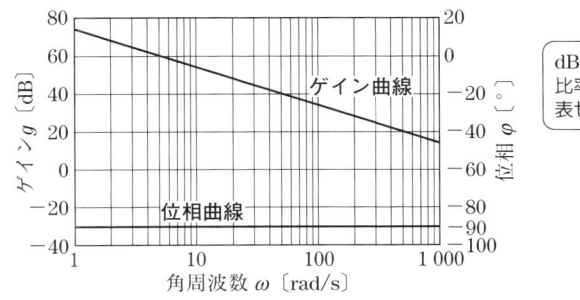

dB を用いると，比率を足し算で表せますね〜．

図 6・9　ボード線図の例

図6・9のような角周波数に対するゲインと位相の変化を示したものを**ボード線図**という．なお，周波数（振動数）f〔Hz〕と角周波数 ω〔rad/s〕は，$\omega = 2\pi f$ という関係があるので，f を横軸としても ω を横軸としたものと同じ（ただし，目盛は異なる）図となる．一般的には ω を横軸としたボード線図が多い．

ボード線図は，角周波数の広範囲の変化に対して，ゲイン（単純に考えれば出力信号がどの程度の振幅になるのかということ）や位相遅れなどの特性がわかりやすい特長がある．

図6・9のボード線図の例では，一つの図にゲイン曲線と位相曲線を併記したが，本来は**図6・10**（a）および（b）に示したように別々に描くものである．各線図の変化の様子や用紙の大きさなどから，併記するか，別々に描くかを判断すればよい．6-3節（118ページ）に基本要素のボード線図を示す．

角周波数の変化に対するゲインと位相の変化を別々の図としてもいいけど，同じ図に表示すると，周波数に対する二つの変化が比較できるよ！

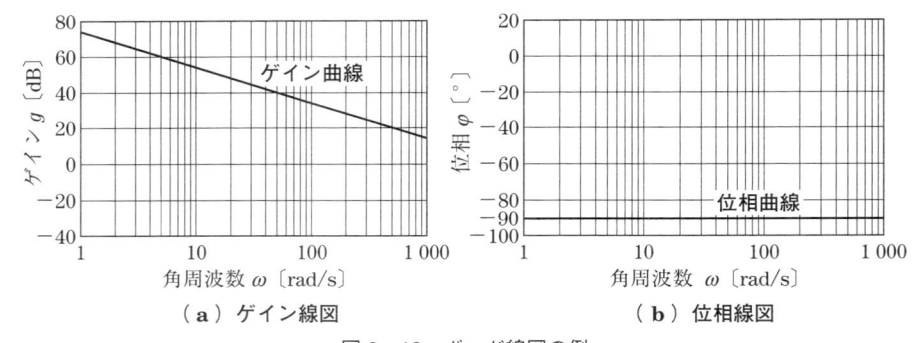

（a）ゲイン線図　　　　　　（b）位相線図

図6・10　ボード線図の例

三角関数と逆三角関数は，**表6·1** のような関係にある．

表6・1　主な三角関数と逆三角関数

三角関数	逆三角関数	y の定義域と θ の主値〔°〕
$y = \sin\theta$	$\theta = \sin^{-1}y$	$-1 \leq y \leq 1, \quad -90° \leq \theta \leq 90°$
$y = \cos\theta$	$\theta = \cos^{-1}y$	$-1 \leq y \leq 1, \quad 0° \leq \theta \leq 180°$
$y = \tan\theta$	$\theta = \tan^{-1}y$	$-\infty < y < \infty, \quad -90° \leq \theta \leq 90°$

$\sin^{-1}$ は，**アークサイン**や**インバースサイン**と読み，arcsin などと記述されることもある．また，主値とは，定義域の y に対して，ただ一つの角度 θ を返す範囲指定である．

なお，三角関数および逆三角関数は，スマートフォンやタブレットのアプリでも計算可能であるが，アプリの使用時，角度が弧度法のラジアン〔rad〕か，度数法〔°，deg〕かは注意が必要である．

また，周波数応答では，伝達関数 $G(j\omega) = \alpha(\omega) + j\beta(\omega)$ の位相 $\varphi = \tan^{-1}\dfrac{\beta(\omega)}{\alpha(\omega)}$ (図6·7，113 ページ参照）を求めることが多い．しかし，逆三角関数の計算結果は，主値 θ であるので，$\alpha(\omega)$ と $\beta(\omega)$ の符号から，実際の位相 φ（通常は $-180° \leq \varphi \leq 180°$ の範囲を用いる）を**表6·2** のように求める必要がある．

表6・2　実際の位相の求め方

$\alpha(\omega)$	$\beta(\omega)$	実際の位相 φ〔°〕，主値 θ〔°〕	
$0 \leq \alpha(\omega)$	$0 \leq \beta(\omega)$	$0° \leq \varphi \leq 90°,$	$\varphi = \theta$
$\alpha(\omega) < 0$	$0 \leq \beta(\omega)$	$90° < \varphi \leq 180°,$	$\varphi = \theta + 180°$
$\alpha(\omega) < 0$	$\beta(\omega) < 0$	$-180° \leq \varphi < -90°,$	$\varphi = \theta - 180°$
$0 \leq \alpha(\omega)$	$\beta(\omega) < 0$	$-90° \leq \varphi < 0°,$	$\varphi = \theta$

6-3

基本要素の周波数応答

············ 振幅と 位相がわかる ボード線図

❶ 基本要素の周波数応答のゲイン曲線は直線になる.
❷ 周波数応答の位相は入力信号と出力信号のずれを表す.

❶ 比例要素のボード線図

比例要素の周波数伝達関数は, ゲイン定数を K として

$$G(j\omega) = K \quad (=K + j0 \text{ と考える})$$

で示される. この場合, ゲイン g と位相 φ は

$$\begin{cases} g = 20 \log_{10} |G(j\omega)| = 20 \log_{10} K \quad (\text{一定値}) \\ \varphi = \angle G(j\omega) = 0° \quad (\text{一定値}) \end{cases}$$

となる. 比例要素のボード線図は, 例えば, $K = 10$ とすると, $20 \log_{10} 10 = 20$ となるので, **図 6・11** のようになる. 比例要素では, K が大きくなると, 図 6・11 のゲイン曲線は上方へ, 逆に, K が小さくなると下方へ移動するが, 角周波数による変化はなく, 一定となる. また, 位相もいかなる K の値に対しても 0° で, 入力信号と同相（一定）となる.

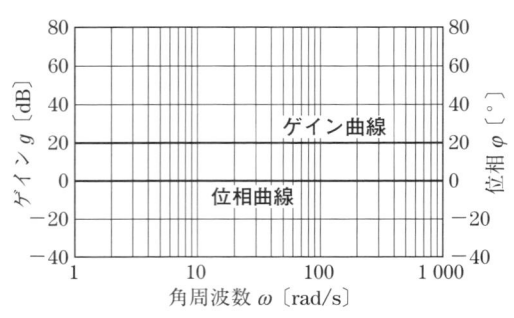

$K = 1$ とすると, $\log_{10} 1 = 0$ となり, 位相線図と重なるので, ここでは $K = 10$ とした!!
位相もゲインも一定である!!

図 6・11　比例要素のボード線図

❷ 積分要素のボード線図

積分要素の周波数伝達関数は, ゲイン定数を K として

$$G(j\omega) = \frac{K}{j\omega}$$

分母は j の項だけである. このような数を純虚数という

で示される. 分母・分子に $-j$ をかけて，実数化すると

$$G(j\omega) = \frac{K}{j\omega} = \frac{K}{j\omega} \cdot \left(\frac{-j}{-j}\right) = \frac{-jK}{-j^2\omega} = -\frac{jK}{\omega}$$

この場合，ゲインは

$$g = 20\log_{10}|G(j\omega)| = 20\log_{10}\left(\frac{K}{\omega}\right) = 20\log_{10}K - 20\log_{10}\omega \ \text{〔dB〕}$$

となる. ここで，$K=1$ とすると，ゲインは

$$g = 20\log_{10}|G(j\omega)| = -20\log_{10}\omega \ \text{〔dB〕}$$

となる. 一方，位相は

$$\varphi = \angle G(j\omega) = \tan^{-1}\left(\frac{-\dfrac{K}{\omega}}{0}\right) = -90°$$

この式では ω がどのような値であっても（　）内は（負の数）÷0 であるので，$-\infty$ となるから $\tan\varphi \to -\infty$，つまり $\varphi = -90°$ であることがわかるよ～.

で示される.

　積分要素のボード線図は，$K=1$ として，**図 6・12** のようになる. $K=1$，$\omega=1$ のとき，図 6・12 では 0 dB となっている.

　$K \neq 1$ では，$\omega=1$ のときのゲインが $20\log_{10}K$ となるように，図 6・12 のゲイン曲線を上下に平行移動した曲線となり，位相はいずれも $-90°$ で一定である.

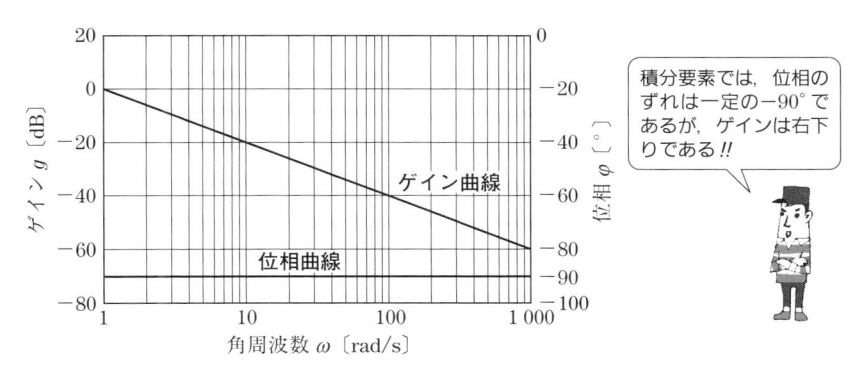

図 6・12　積分要素のボード線図

　図 6・12 や上式から，ω の値が 10 倍されるごとに 20 dB だけ減少する直線となることがわかる. このことを，-20 dB/dec（デカードと読み，「10 ごとに」という意味）の傾きをもつ直線，という.

❸ 微分要素のボード線図

微分要素の周波数伝達関数は，ゲイン定数を K として

$$G(j\omega) = jK\omega \quad (= 0 + jK\omega \text{ と考える})$$

で示される．この場合，ゲインは

$$g = 20 \log_{10} |G(j\omega)| = 20 \log_{10}(K\omega) = 20 \log_{10} K + 20 \log_{10} \omega \quad \text{[dB]}$$

となる．ここで，$K = 1$ とすると，ゲインは

$$g = 20 \log_{10} |G(j\omega)| = 20 \log_{10} \omega \quad \text{[dB]}$$

となる．一方，位相は

$$\varphi = \angle G(j\omega) = \tan^{-1}\left(\frac{K\omega}{0}\right) = 90°$$

この式では ω がどのような値であっても（ ）内は $+\infty$ となるから，$\tan\varphi \to +\infty$，つまり $\varphi = 90°$ であることがわかるよ〜．

となる．

微分要素のボード線図は，$K = 1$ として，**図 6·13** のようになる．$K = 1$，$\omega = 1$ のとき，図 6·13 では 0 dB となっている．

$K \neq 1$ では，$\omega = 1$ のときのゲインが，$20 \log_{10} K$ となるように，図 6·13 のゲイン曲線を上下に平行移動した右上り（20 dB/dec の傾き）の曲線となり，位相はいずれも 90° で一定である．

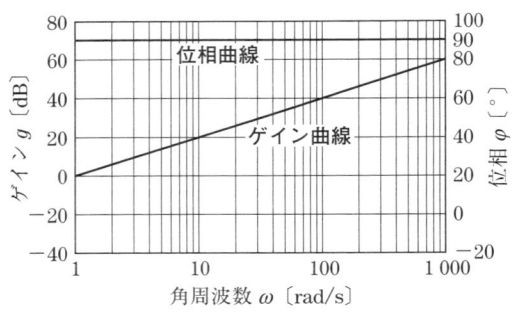

微分要素では，位相のずれは一定の 90° だけど，ゲインは右上りだよ〜．

図 6·13　微分要素のボード線図

❹ 基本要素のボード線図のまとめ

ゲイン定数の K を一定とした場合，比例要素，積分要素および微分要素において，次ページのことがわかる．

① 比例要素では，すべての角周波数範囲においてゲインは一定であり，入出力信号の位相のずれも生じない．

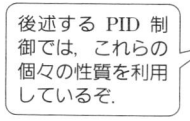

後述する PID 制御では，これらの個々の性質を利用しているぞ．

② 積分要素では，出力信号の大きさは $\dfrac{1}{\omega}$ 倍となり，位相は $90°$ 遅れることになる．

③ 微分要素では，出力信号の大きさは ω 倍となり，位相は $90°$ 進むことになる．

COLUMN　古典制御理論と現代制御理論 ··

　制御理論は，誕生した年代順で，**古典制御理論**（1930 年代に誕生）と**現代制御理論**（1950 年代に誕生）に分類される（**表 6・3**）．古典制御理論は，古典だからといって古くて使いものにならないわけではなく，基本的な制御の理解の補助や実際の制御にも使われている．

表 6・3　古典制御理論と現代制御理論の比較

古典制御理論	現代制御理論
1 入力 1 出力を基本としている．	多入力多出力の扱いが可能である．
入出力間の関係式として，伝達関数を求めることが目的となる．伝達関数を求める方法としては，ラプラス変換があるが，変換表を用いるので，数学的知識はそれほど必要ではない．伝達関数は s の分式で示され，$s = j\omega$ としてボード線図を描き，周波数領域でのゲインや位相を検討する	入出力，制御要素などを状態変数とした状態方程式（1 階の連立微分方程式で，表記に行列やベクトルを用いる）を解くことや行列の性質を調べることが目的となる．また，これらの式は，数学的に扱われ，時間領域で解が検討される．したがって，数学的知識とコンピュータの援用が不可欠である

6-4

一次遅れの周波数応答

一次遅れ ボード線図は 折れ線近似

① 低周波数では，ゲインはほぼ 0 dB，位相遅れは 0°．

② 高周波数では，ゲインは -20 dB/dec の直線，位相遅れは $-90°$．

一次遅れ要素の伝達関数は，ゲイン定数を K，時定数を T として

$$G(s) = \frac{K}{Ts+1}$$

で示される．上式で $s = j\omega$ として，周波数伝達関数は

$$G(j\omega) = \frac{K}{1+j\omega T}$$

と示される．次に，周波数伝達関数の分母を実数にするために分母・分子に分母の共役複素数である $(1-j\omega T)$ をかけて整理する．

$$G(j\omega) = \frac{K}{1+j\omega T}$$

$$= \frac{K}{j\omega T+1}\frac{(1-j\omega T)}{(1-j\omega T)}$$

$$= \frac{K(1-j\omega T)}{1+(\omega T)^2}$$

$$= \frac{K}{1+(\omega T)^2} - j\frac{K\omega T}{1+(\omega T)^2}$$

> 周波数伝達関数は一般的に複素数である．複素数の計算には，共役複素数が不可欠である!! $a+jb$ の共役複素数は $a-jb$ であり，$a-jb$ の共役複素数は $a+jb$ である!!

ここで，$G(j\omega)$ の大きさ $|G(j\omega)|$ を求めると

$$|G(j\omega)| = \frac{K}{\sqrt{1+(\omega T)^2}}$$

となる．次に，大きさ $|G(j\omega)|$ の対数からゲインを求めると

$$g = 20\log_{10}|G(j\omega)| = 20\log_{10}\left\{\frac{K}{\sqrt{1+(\omega T)^2}}\right\}$$

$$= 20\log_{10}K - 20\log_{10}\sqrt{1+(\omega T)^2}$$

$$= 20\log_{10}K - 10\log_{10}\{1+(\omega T)^2\} \quad (\text{dB})$$

> ゲインを求める対数は常用対数で，倍数の 20 も忘れないように！

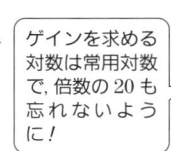

となる．ここで，$K = 1$ とすると，ゲインは

$$g = 20 \log_{10} |G(j\omega)| = -10 \log_{10}\{1 + (\omega T)^2\} \quad \text{〔dB〕}$$

となる．一方，位相は

$$\varphi = \angle G(j\omega) = \tan^{-1}\left(\frac{-\omega T}{K}\right) = -\tan^{-1}\left(\frac{\omega T}{K}\right)$$

$\tan^{-1}(-X) = -\tan^{-1}X$ の関係が成り立つ

となる．同様に，$K = 1$ とすると

$$\varphi = \angle G(j\omega) = -\tan^{-1}(\omega T)$$

となる．以上の式から計算されるゲインと位相を**図 6・14** に示す．

一般に工業計算で扱う角度は標準では，弧度法で rad である*!!* わかりやすい度数法〔°〕に変換するときは注意する*!!*

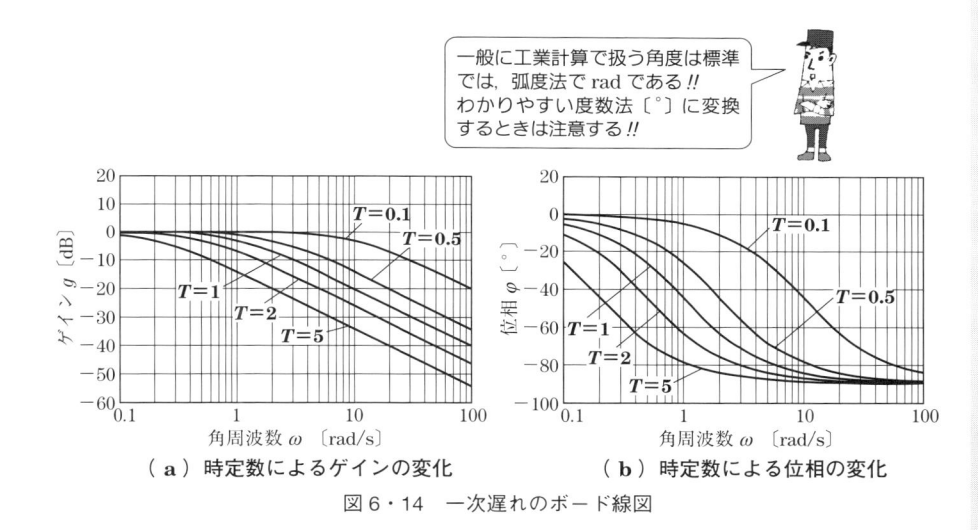

（ a ）時定数によるゲインの変化 　　（ b ）時定数による位相の変化

図 6・14　一次遅れのボード線図

　図 6・14 では，各周波数において，T が大きいほどゲインが小さくなり，位相は大きく遅れていることがわかる．また，角周波数 ω，時定数 T，ゲイン g，位相 φ などの関係が明確ではないが，ゲインや位相の式は，ωT の関数になっていることがわかる．そこで，角周波数 ω を ωT として無次元化し，もとの式から考えてみよう．

● 1　$\omega T \ll 1$ のとき

　$1 + (\omega T)^2 \fallingdotseq 1$ と考えて差し支えないので，ゲインは

$$g = -10 \log_{10}\{1 + (\omega T)^2\} \fallingdotseq -10 \log_{10} 1 = 0 \text{ dB}$$

となる．また，位相は，極限として $\omega T \fallingdotseq 0$ とすれば

$$\varphi = \angle G(j\omega) = -\tan^{-1}(0) = 0°$$

となるので，ωT が小さくなるほど，φ は $0°$ に近づくことが推測できる．

　つまり，ωT が小さくなると，ゲインは $0\,\mathrm{dB}$ に近づき，位相も $0°$ に近づく．

● 2　$\omega T=1$ のとき

　$1+(\omega T)^2=2$ となるので，ゲインは
$$g = -10\log_{10}(1+1) = -10\log_{10}2 = -3.01\,\mathrm{dB}$$
となる．また，位相は
$$\varphi = \angle G(j\omega) = -\tan^{-1}(1) = -45°$$
となる．

　以上のことから，$\omega T=1$ になると，ゲインは $-3.01\,\mathrm{dB}$ となり，位相は $-45°$ になることがわかる．

一次遅れのゲインの式は ωT を単位として変化することがわかる!!
そこで，$T=1$ として ω 単体を変化させると考えてもよい!!

● 3　$\omega T \gg 1$ のとき

　$1+(\omega T)^2 \fallingdotseq (\omega T)^2$ と考えて差し支えないので，ゲインは
$$g = -10\log_{10}(\omega T)^2 = -20\log_{10}\omega T \quad [\mathrm{dB}]$$
となる．つまり，ωT が大きくなると，傾きが $-20\,\mathrm{dB/dec}$ の直線となることがわかる．このとき，位相は
$$\varphi = \angle G(j\omega) = -\tan^{-1}(\omega T) \quad [°]$$
となり，ωT が大きくなればなるほど，位相は $-90°$ に近づくことがわかる．

　以上のことから一次遅れのボード線図は，**図 6·15** (a)，(b) のように単一の図として示すことができる．ただし，図 6·15 (a)，(b) の横軸は，無次元化した角

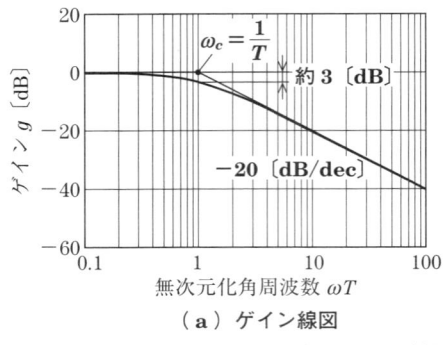

（a）ゲイン線図　　　　　　　　（b）位相線図

図 6·15　無次元化角周波数を用いた一次遅れのボード線図

周波数である.

　同図（a）のゲイン線図では，ゲインは $\omega T \ll 1$ のときの横軸に平行な $0\,\mathrm{dB}$ の直線と，$\omega T \gg 1$ のときの傾き $-20\,\mathrm{dB/dec}$ の直線よりなる折れ線（漸近線）で，近似されることがわかる．これを**折れ線近似**という．

　折れ線の交点は $\omega T = 1$ で，実際のゲインと約 $3\,\mathrm{dB}$ の補正が必要であるが，約 $3\,\mathrm{dB}$ の補正とは，かなり精密な制御でないかぎり必要ないレベルのものなので，一般的にゲイン曲線としてこの折れ線の漸近線を用いることが多い．さらに，$\omega_c = \dfrac{1}{T}$ は**コーナ角周波数**，あるいは**折れ点角周波数**と呼ばれ，応答の性能評価の尺度にもなっている．

> 一次遅れでは図のような近似直線表示のボード線図で評価することが多い!! 近似直線を覚えることは大切である!!

　（b）の位相線図では，おおむね $\omega < \dfrac{1}{5\,T}$ のとき，横軸に平行な $0°$ の直線と，おおむね $\dfrac{1}{5\,T} < \omega < \dfrac{5}{T}$ のときは $\omega T = 1$ で $-45°$ を通る直線，および，$\omega > \dfrac{5}{T}$ では横軸に平行な $-90°$ の直線となる 3 本の折れ線で近似される．

　ゲインで折れ線近似が用いられることが多いので，位相でも同図のような漸近線を引くことがある．一般に，漸近線は，$\omega < \dfrac{1}{5\,T}$ での $0°$ の直線，$\dfrac{1}{5\,T} < \omega < \dfrac{5}{T}$ での $0°$ と $-90°$ を結ぶ直線，$\omega > \dfrac{5}{T}$ での $-90°$ の直線が用いられる．

　ただし，$\omega < \dfrac{1}{10\,T}$ での $0°$ の直線，$\dfrac{1}{10\,T} < \omega < \dfrac{10}{T}$ での $0°$ と $-90°$ を結ぶ直線，$\omega > \dfrac{10}{T}$ での $-90°$ の直線が近似的に用いられることもある．

COLUMN　制御に必要な知識 ……………………………………………………

　日進月歩で進化し，よりよい性能となっている機械・器具類には，多くの部分で最新の制御技術やコンピュータ（マイコン）技術が応用されている．

　さらに，幅広く機械の制御を学ぶためには，本書で示したような制御理論に加え，現代制御理論，センサ技術，アクチュエータ技術，機構の知識，機器どうしや機器と人をつなぐインタフェース技術，コンピュータ（マイコン）技術などの知識が必要となる．

6-5

二次遅れの周波数応答

❶ 低周波数では，ゲインはほぼ $0\,\mathrm{dB}$，位相遅れは $0°$．

❷ 減衰係数が 0.707 より小さいと，ゲイン曲線にピーク値をもつ．

　二次遅れ要素の伝達関数は，ゲイン定数 K，減衰係数 ζ，固有角周波数 ω_n として

$$G(s) = \frac{K\omega_n{}^2}{s^2 + 2\zeta\omega_n s + \omega_n{}^2} \qquad (\zeta > 0)$$

となる．ここで，$s = j\omega$ として，周波数伝達関数を求めると，次のようになる．ただし，ゲイン定数は $K = 1$ とした．

$$G(j\omega) = \frac{\omega_n{}^2}{(j\omega)^2 + 2\zeta\omega_n(j\omega) + \omega_n{}^2}$$

> $(\omega_n{}^2 - \omega^2) - j(2\zeta\omega_n\omega)$ を分母，分子にかけて実数化する！

$$= \frac{\omega_n{}^2}{(\omega_n{}^2 - \omega^2) + j(2\zeta\omega_n\omega)}$$

$$= \frac{\omega_n{}^2(\omega_n{}^2 - \omega^2)}{(\omega_n{}^2 - \omega^2)^2 + (2\zeta\omega_n\omega)^2} - j\frac{2\zeta\omega_n{}^3\omega}{(\omega_n{}^2 - \omega^2)^2 + (2\zeta\omega_n\omega)^2}$$

　上式より，前節と同様に，ゲインと位相を求め，二次遅れのボード線図を描くことはできる．しかしながら，より一般的に周波数特性を評価できるように，角周波数 ω を固有角周波数 ω_n で割った**規格化角周波数** η（無次元化角周波数）を用いる．そこで，$\eta = \dfrac{\omega}{\omega_n}$ として，上式を整理すると

$$G(j\omega) = \frac{1 - \eta^2}{(1 - \eta^2)^2 + (2\zeta\eta)^2} - j\frac{2\zeta\eta}{(1 - \eta^2)^2 + (2\zeta\eta)^2}$$

となる．この式より，ゲイン g と位相 φ を求める．まず，$|G(j\omega)|$ を求めると

$$|G(j\omega)| = \frac{1}{\sqrt{1 + 2(2\zeta^2 - 1)\eta^2 + \eta^4}}$$

となる．次に，ゲインを求めると

$$g = 20 \log_{10} |G(j\omega)| = 20 \log_{10} \left\{ \frac{1}{\sqrt{1+2(2\zeta^2-1)\eta^2+\eta^4}} \right\}$$

$$= -20 \log_{10} \sqrt{1+2(2\zeta^2-1)\eta^2+\eta^4}$$

$$= -10 \log_{10} \{1+2(2\zeta^2-1)\eta^2+\eta^4\} \quad [\mathrm{dB}]$$

となる．一方，位相は

$$\varphi = \angle G(j\omega) = -\tan^{-1}\left(\frac{2\zeta\eta}{1-\eta^2}\right)$$

となる．

次に，規格化角周波数 η の三つの範囲でボード線図を考えてみよう．

● 1 $\eta \ll 1$ $\left(\dfrac{\omega}{\omega_n} \ll 1\right)$ のとき

このとき，$\eta \doteqdot 0$ とおいて，ゲインは

$$g = -10 \log_{10}\{1+2(2\zeta^2-1)\eta^2+\eta^4\} \doteqdot -10 \log_{10} 1 = 0 \ \mathrm{dB}$$

となる．また，位相は

$$\varphi = \angle G(j\omega) = -\tan^{-1}(0) = 0°$$

となる．

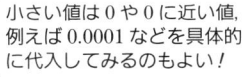

つまり，$\eta = \dfrac{\omega}{\omega_n}$ が小さくなると，ゲインは ζ に無関係に $0\,\mathrm{dB}$ に近づき，位相も $0°$ に近づくことがわかる．

小さい値は 0 や 0 に近い値，例えば 0.0001 などを具体的に代入してみるのもよい！

● 2 $\eta = 1$ $\left(\dfrac{\omega}{\omega_n} = 1\right)$ のとき

$\eta = 1$ のとき，ゲインは

$$g = -20 \log_{10}(2\zeta) \quad [\mathrm{dB}]$$

となる．また，位相は

$$\varphi = \angle G(j\omega) = -\tan^{-1}\left(\frac{2\zeta}{0}\right) = -\tan^{-1}(\infty) = -90°$$

となる．このことから，$\eta = \dfrac{\omega}{\omega_n} = 1$ になると，ゲインは $-20 \log_{10}(2\zeta)\,\mathrm{dB}$ となり，位相は $-90°$ になることがわかる．

● 3 $\eta \gg 1$ $\left(\dfrac{\omega}{\omega_n} \gg 1\right)$ のとき

η が大きい場合，$\{1+2(2\zeta^2-1)\eta^2+\eta^4\} \doteqdot \eta^4$ としても差し支えない．したがっ

て，ゲインは
$$g = -40 \log_{10}\eta \quad \text{[dB]}$$
となる．また，位相も η が大きい場合，$1-\eta^2 \fallingdotseq \eta^2$ として
$$\varphi = \angle G(j\omega) = -\tan^{-1}\left(\frac{2\zeta\eta}{1-\eta^2}\right)$$
となり，$\eta \to \infty$ とすると
$$\varphi = \angle G(j\omega) = -\tan\left(\frac{2\zeta}{-\infty}\right) = -180°$$

となる．つまり，$\eta = \dfrac{\omega}{\omega_n}$ が大きくなると，ゲインは傾きが $-40\,\text{dB/dec}$ である直線となり，位相は $-180°$ に近づくことがわかる．

以上のことから二次遅れのボード線図を示すと，**図 6·16** のようになる．

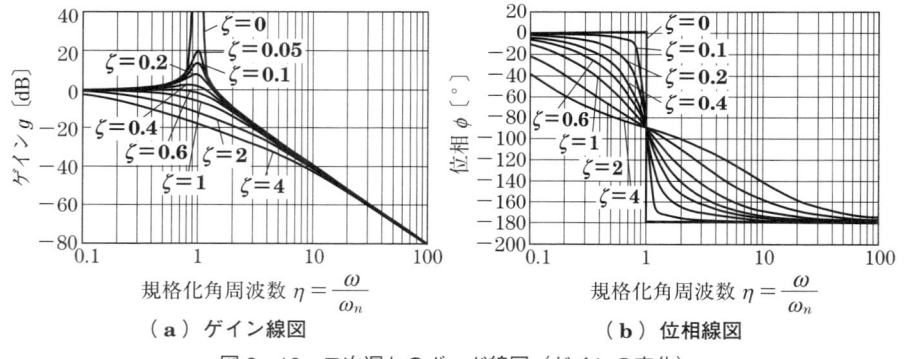

図 6・16　二次遅れのボード線図（ゲインの変化）

図 $6 \cdot 16$ (a) より，η が 0 に近づく（$\omega \to 0$）と，ゲインは $0\,\text{dB}$ に漸近する．$\eta = 1$，すなわち，$\omega = \omega_n$ でゲインは $-20 \log(2\zeta)$ [dB] を通り，η が大きくなる（$\omega \to \infty$）と，ゲインは $-40\,\text{dB/dec}$ の傾きをもつ直線に漸近することがわかる．

また，$\eta = 1$ 付近で，減衰係数 ζ が小さくなると，より大きなピークを示し，$\zeta \to 0$ で共振することがわかる．

$\eta = 1$ 付近において，ζ が小さい場合を具体的に考えてみよう．

①　$0 < \zeta < \dfrac{1}{\sqrt{2}} (\fallingdotseq 0.707)$ のとき

ζ がこの範囲にあるとき，二次遅れ要素のゲインはピークをもつ．そのときの規格化角周波数 η と，共振ピーク値 M_P は，次のように示される．

$$\begin{cases} \eta = \sqrt{1-2\zeta^2} \\ M_P = \dfrac{1}{2\zeta\sqrt{1-\zeta^2}} \end{cases}$$

この場合，（出力信号の振幅）＝（入力信号の振幅）$\times M_p$ となる．

② $\zeta \geqq \dfrac{1}{\sqrt{2}}$ のとき

ζ がこの範囲のとき，$\eta \to 0$ でゲインが最大となり，ピークをもつことはない．つまり，ω がどのような値でも出力信号の振幅が入力の振幅を超えることはない．

したがって，図 6·16（b）の位相線図から $\eta \to 0$ で $0°$ に漸近し，$\eta = 1$ で $90°$ を通り，$\eta \to \infty$ で $-180°$ に漸近することがわかる．

また，$\zeta \to 0$ では，極限として，$\eta < 1$ で $0°$，$\eta > 1$ で $-180°$ となり，$\eta = 1$ で $-90°$ となる．

COLUMN　水ヨーヨーで動弁機構の違いを理解する ·································

水風船（水ヨーヨー）を手につけ，手を上下動する（**図6·17**）と，その速度により，水風船の上下動が手の上下動とずれる境目がある．その点が固有角周波数（126 ページ参照）と考えてよい．固有角周波数が小さければ（ばね定数が小さい），手の動きと同じ動きをする範囲がせまいことになる．

ところで，OHV のほうが OHC に比べて，ばね定数は小さい（34 ページ，49 ページ参照）と考えられる．

手の動きと水風船の動きが逆ということは，カムでバルブを閉めようとするとき，逆にバルブを開けてしまう動きをすることである．その結果，自動車では出力が低下することになる．

この現象は，OHV のほうが顕著に現れる．

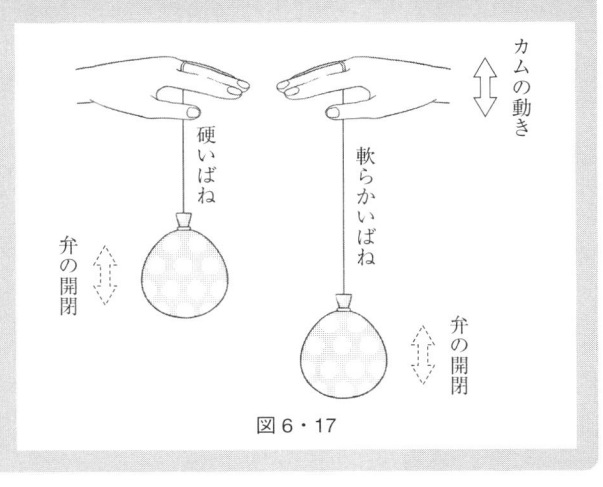

図 6 · 17

過渡応答と周波数応答の関係

動特性 制御の目安は 速応性

❶ 過渡応答によって，出力信号の立ち上がりの様子がわかる．

❷ 周波数応答によって，出力信号の振幅，位相のずれと速応性などがわかる．

実際の制御系の動的な応答特性（過渡応答と周波数応答）として，過渡応答がわかれば，出力の時間的変化が明白になって便利である．また，周波数応答がわかれば，時間空間でのゲイン（振幅比）や位相のずれも推定できる．

以下，制御の基本的な要素のインディシャル応答と周波数応答について考えてみよう．

❶ 比例要素

ゲイン定数を K とした比例要素のインディシャル応答とボード線図（$K = 10$）を図 **6・18** に示す．

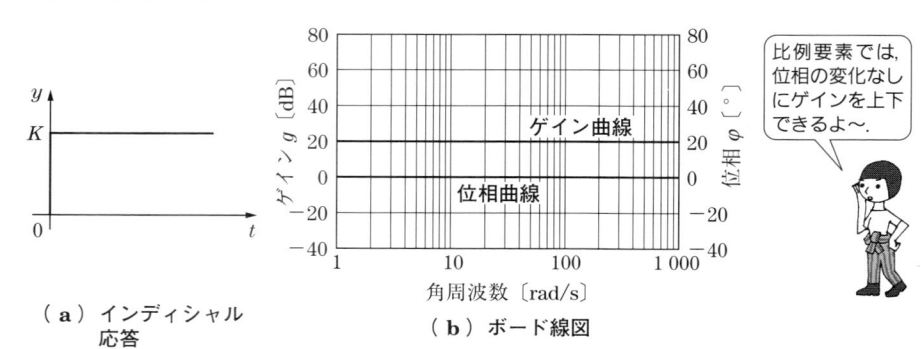

（ a ）インディシャル
応答

（ b ）ボード線図

図 6・18　比例要素のインディシャル応答とボード線図

比例要素のインディシャル応答では出力の大きさが時間に無関係に一定となる．

ボード線図でも出力の振幅の大きさは周波数に無関係であり，その値は $20 \log_{10} K$〔dB〕である．それゆえ，ゲイン定数 K の大小により，ゲイン曲線は上下に平行移動する．また，位相はゲイン定数に無関係で $0°$ の一定値（遅れも進みもなし）である．

❷ 積分要素

ゲイン定数を K とした積分要素のインディシャル応答とボード線図 ($K=1$) を示す（**図 6·19**）.

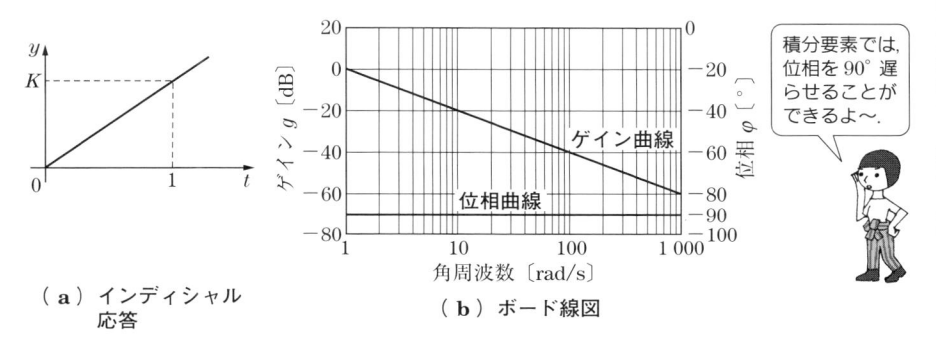

（ a ）インディシャル応答

（ b ）ボード線図

積分要素では,位相を90°遅らせることができるよ〜.

図 6 · 19　積分要素のインディシャル応答とボード線図

積分要素のインディシャル応答では，出力の大きさが時間に比例し，その増加率は直線の傾き K で表される.

また，ボード線図では，出力の振幅の大きさが周波数に比例して減少し，その減少率は $-20\,\mathrm{dB/dec}$ である．ここで $K=1$ の場合，**ゲイン交点角周波数**（ゲインが $0\,\mathrm{dB}$ となる角周波数）は，$\omega=1\,\mathrm{rad/s}$ である．ゲインを大きくとれば，ゲイン曲線は上方に平行移動する．つまり，ゲイン交点角周波数も大きくなり，応答も比例して速くなることがいえるので，ゲイン交点角周波数は速応性の目安ともなっている.

❸ 微分要素

ゲイン定数を K とした微分要素のインディシャル応答とボード線図 ($K=1$) を**図 6·20** に示す.

微分要素のインディシャル応答では，出力の変化は一瞬大きなピークを示し，その後の出力は 0 となる.

また，ボード線図では，出力の振幅の大きさが周波数に比例して増加し，その増加率は $20\,\mathrm{dB/dec}$ である．位相はゲイン定数と周波数に無関係で $90°$ の一定値（進み）である.

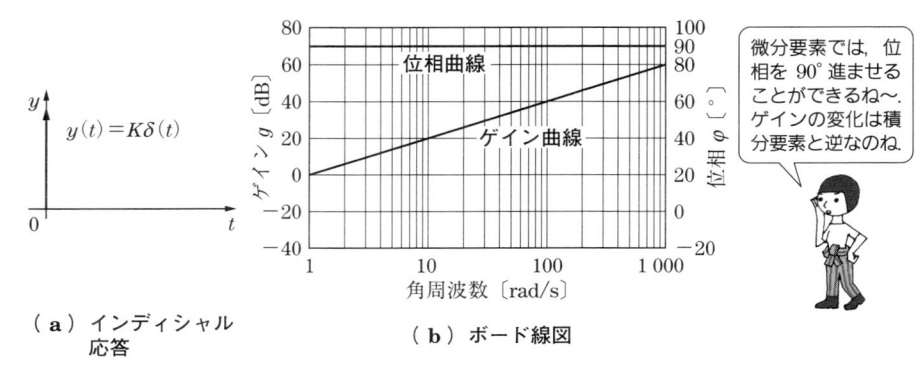

（a）インディシャル応答

（b）ボード線図

図6・20　微分要素のインディシャル応答とボード線図

4 一次遅れ要素

　ゲイン定数を K，時定数を T とした一次遅れ要素のインディシャル応答と周波数応答（$K=1$）のゲイン線図を**図6・21**に示す．

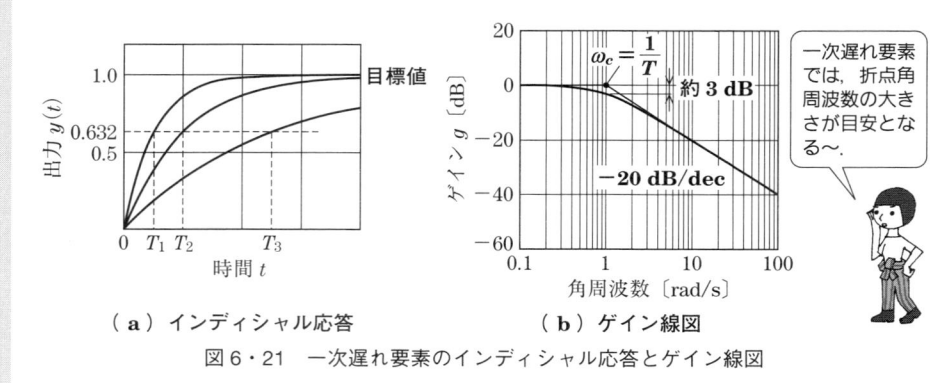

（a）インディシャル応答

（b）ゲイン線図

図6・21　一次遅れ要素のインディシャル応答とゲイン線図

　インディシャル応答からは，出力の大きさ（ゲイン）は $t \to \infty$ のときの値（この図では，$K=1$）で，速応性は時定数 T が小さいほど速くなることがわかる．

　また，ゲイン線図では，ゲイン定数 K は，$\omega \to 0$ のときの値が $20 \log_{10} K$〔dB〕から求めることができることがわかる．制御系の速応性は折点角周波数 $\omega_c \left(= \dfrac{1}{T} \right)$ で評価される．

❺ 二次遅れ要素

ゲイン定数を $K=1$ とした二次遅れ要素のインディシャル応答と周波数応答のゲイン線図を**図 6·22** に示す.

インディシャル応答からは,出力の大きさ(ゲイン)は $t \to \infty$ のときの値(この図では,$K=1$)で,立ち上がりは減衰係数 ζ が小さいほど速いが,反面,振動的となることがわかる.

また,ゲイン線図からは,ゲイン定数 K は,$\omega \to 0$ のときの値が $20 \log_{10} K$〔dB〕から求められることがわかる.

立ち上がりの傾向は,ゲイン特性の共振ピーク値 M_P と減衰係数 ζ の値で評価される.M_P が小さいとき制御系は安定し,$M_P = 1.1 \sim 1.5$ 程度が安定性の目安になる.また,ζ は,$0.5 \sim 0.7$ 程度が目安とされる.

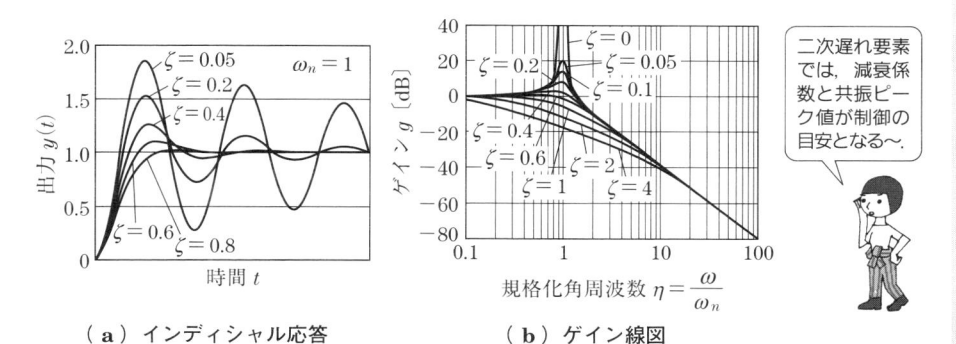

二次遅れ要素では,減衰係数と共振ピーク値が制御の目安となる〜.

（ a ）インディシャル応答　　　　（ b ）ゲイン線図

図 6・22　二次遅れ要素のインディシャル応答とゲイン線図

COLUMN　むだ時間要素の周波数応答 ....

むだ時間要素の伝達関数は,$G(s) = e^{-sL}$ であり,周波数伝達関数は,$G(j\omega) = e^{-j\omega L}$ となる.オイラーの公式（$e^{i\theta} = \cos\theta + i\sin\theta$）から

$$G(j\omega) = e^{-j\omega L} = \cos(\omega L) - j\sin(\omega L)$$

となる.次に,ゲインと位相を求めると

$$g = 20 \log_{10} |G(j\omega)| = 20 \log_{10} 1 = 0 \text{ dB} \;\longleftarrow\; \boxed{\cos^2(\omega L) + \sin^2(\omega L) = 1}$$

$$\varphi = \angle G(j\omega) = -\omega L$$

となる.したがって,むだ時間ではゲインは ω に関係なく,0 dB で一定であるが,位相は ω に比例してかぎりなく遅れてくる.それゆえ,むだ時間要素が制御機器内に存在すると,系全体として不安定になりがちである.

章 末 問 題

問題 1　次の伝達関数 $G(s)$ から周波数伝達関数 $G(j\omega)$ を求め，$a+jb$ の標準形にしなさい．

（1）$G(s) = \dfrac{5}{s}$　　（2）$G(s) = \dfrac{3}{2s+1}$　　（3）$G(s) = \dfrac{3}{s^2+8s+17}$

問題 2　ある角周波数 ω_1 での周波数伝達関数 $W(j\omega)$ が次の場合，ゲイン〔dB〕と位相〔°〕を求めなさい．

（1）$W(j\omega_1) = 2+j$　　（2）$W(j\omega_1) = \dfrac{5}{1+j2}$　　（3）$W(j\omega_1) = \dfrac{1-j2}{2+j}$

問題 3　図 **6·23** のようなブロック線図で示される制御系がある．系の伝達関数 $W(s) = \dfrac{C(s)}{R(s)}$ をもとにした周波数伝達関数の近似ゲイン線図を示す図として正しいのは次のうちどれか．

$$R(s) \longrightarrow \boxed{W(s) = \frac{K}{Ts+K}} \longrightarrow C(s)$$

図 6・23

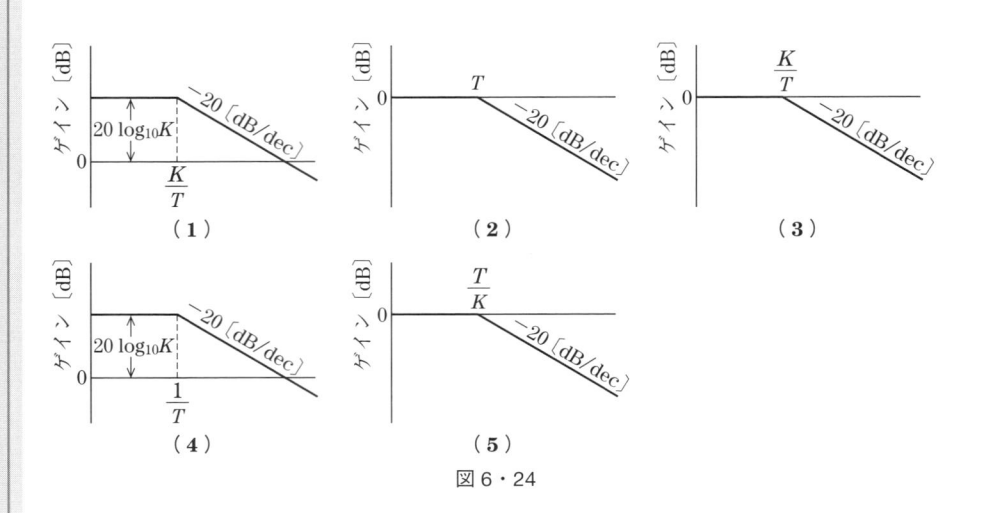

図 6・24

第 **7** 章

フィードバック制御系

　5 ページで述べたとおり，フィードフォワード制御は，一定の環境下では制御の時間的ずれも少なく有効な方法であるが，変化する環境下や，外乱（制御量を乱すような信号やノイズ）がある場合には不向きな制御方法である．

　一方，フィードバック制御は，絶えず制御量（出力信号）を検出し目標値（入力信号）を制御しているので，環境の変化や外乱があっても目標値にかぎりなく近づけることが可能である．

　このため，位置決めなども正確に行うことができ，フィードバック制御が機械・装置などの制御の主流となっている．

　本章では，フィードバック制御の特徴，定常応答，周波数応答，ならびに PID 制御などについて説明する．

7-1

フィードバック制御の特徴

...... ネガティブでも 外乱に強いぞ フィードバック

❶ フィードバック制御は，実行した結果を入力に反映する．
❷ フィードバック制御には正帰還と負帰還がある．

　フィードバックとは，出力側の信号を入力側へ戻すことを意味し，**帰還**ともいう．フィードバック制御系の基本構成を**図7・1**に示す．

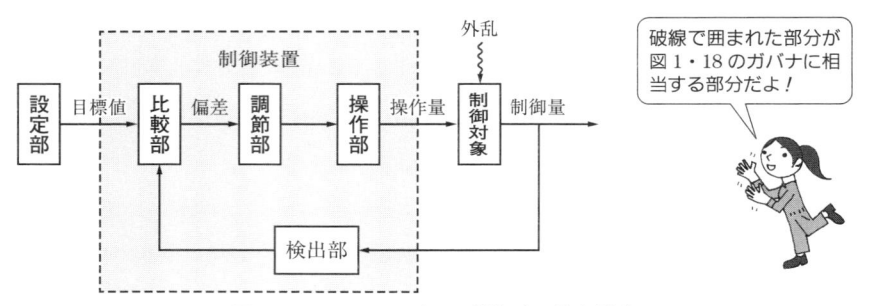

図7・1　フィードバック制御系の基本構成

　図7・1において，**設定部**は，基準の目標値（入力信号）を設定する．つづいて，**調節部**は目標値と検出部からの信号をもとに操作部へ必要な信号を送る．**操作部**はその信号を操作量に変え，制御対象へ送る．その結果，**検出部**は「逐次変化する制御量から制御に必要な信号を取り出し，**比較部**へ送る」というフィードバックの流れになる．

　ここでは，このフィードバック制御の特徴を学ぶ．

❶ 正帰還と負帰還

　フィードバックには正帰還と負帰還がある．

　正帰還（ポジティブフィードバック）は，古くは高ゲインを得られなかった時代の増幅器などで，出力を入力側に加える形で高ゲインを得るような機構に用いられた．**図7・2**に示すように，フィードバック信号がそのまま目標値に加えられ

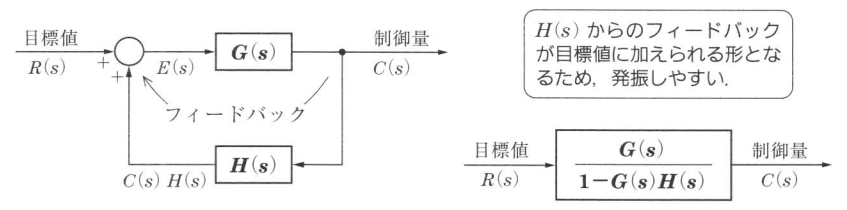

図7・2　正帰還（ポジティブフィードバック）

る（プラスする）ことが由来である。

　一方，**負帰還（ネガティブフィードバック）**は**図 7・3** に示すように，目標値に対してフィードバック信号を，**偏差**（目標値と制御量から検出されたフィードバック信号との差異）が少なくなるように目標値から減じる（マイナスする）。

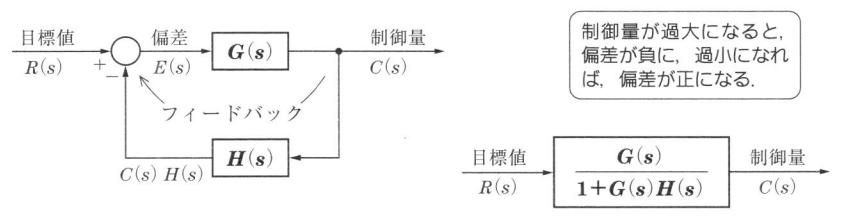

図7・3　負帰還（ネガティブフィードバック）

　負帰還によって，外乱があるような制御系であっても偏差を徐々に小さくして，制御量がかぎりなく目標値に近づくような制御が可能と考えられる。

② 前向き伝達関数と一巡伝達関数

　図 7・4 に示すような一般的なフィードバック制御のブロック線図を**図 7・5**（a），（b）のように分割して考える。

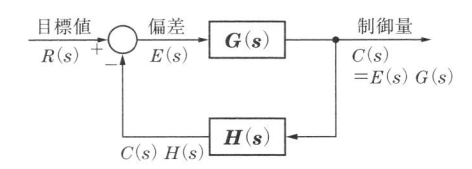

図7・4　フィードバック制御の一般的なブロック線図

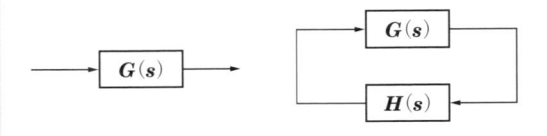

（ a ）前向き伝達関数　　　　（ b ）一巡伝達関数

図7・5　前向き伝達関数と一巡伝達関数

図7・5（a）を**前向き伝達関数**といい，同図（b）のように図7・4のフィードバック部分の一巡を考えたものを**一巡伝達関数**という．このように考えると，図7・4の伝達関数 $W(s)$ は

$$W(s) = \frac{G(s)}{1+G(s)\,H(s)} = \frac{（前向き伝達関数）}{1+（一巡伝達関数）}$$

と示すことができる．

また，図7・5（a）はブロック線図が左から右へ流れているだけで閉じていない．このことから，図7・5（a）の部分だけを考えた場合を**開ループ制御系**といい，図7・4のように，ブロック線図が閉じているフィードバック信号までを考える場合を**閉ループ制御系**という．

フィードバック制御の周波数応答を考えるとき，開ループ制御系と閉ループ制御系に分けて，それぞれ検討することがある．

❸ 外乱への対応

図7・6（a）の制御要素 $G(s)$ の出力側に外乱 $D(s)$ が加わるとして，出力 $C_1(s)$ に，外乱による変化分 $C_2(s)$ を考え，全体の出力は $C(s) = C_1(s) + C_2(s)$ とする．

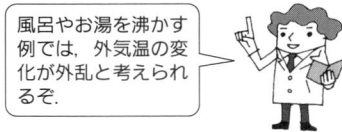

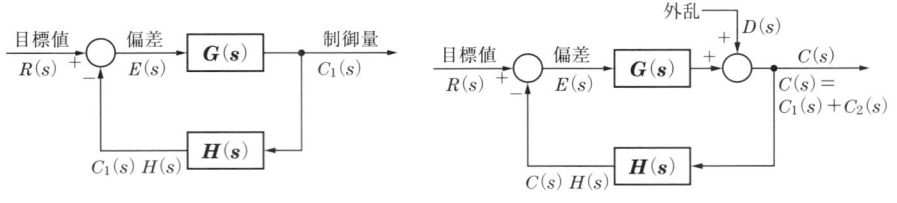

（ a ）外乱なし　　　　　　　　（ b ）外乱を想定

図7・6　外乱を想定したフィードバック制御系のブロック線図

このとき，図図（b）の各信号の関係は

$$\begin{cases} E(s) = R(s) - C(s)\,H(s) \\ E(s)\,G(s) + D(s) = C(s) \\ C(s) = C_1(s) + C_2(s) \end{cases}$$

となる．したがって，図 7・6（a）の関係と上式から，外乱が加わった場合の変化分 $C_2(s)$ は

$$C_2(s) = \frac{D(s)}{1 + G(s)\,H(s)}$$

となる．

　一般に，外乱は t–空間（時間空間）において，表 5・1（90 ページ）に示したような関数や，指数関数的（e^{-t} のような関数）と考えられることが多い．そこで，s–空間の伝達関数としては，定数，$\dfrac{1}{s}$ あるいは $\dfrac{1}{Ts+1}$ などで示される．

　例えば，$D(s) = \dfrac{1}{s}$ とすると

$$C_2(s) = \frac{1}{1 + G(s)\,H(s)} \cdot \frac{1}{s}$$

となる．このとき，最終値の一致（25 ページ参照）より，$c_2(t \to \infty)$，つまり定常状態を推測する．外乱による出力の増加分 $C_2(s)$ を上式で考えると

$$\begin{aligned} \lim_{t \to \infty} c_2(t) &= \lim_{s \to 0} s\,C_2(s) \\ &= \lim_{s \to 0}\left\{ s \cdot \frac{1}{1 + G(s)\,H(s)} \cdot \frac{1}{s} \right\} \\ &= \lim_{s \to 0}\left\{ \frac{1}{1 + G(s)\,H(s)} \right\} \end{aligned}$$

フィードバック制御系の一巡伝達関数で，$s \to 0$ のとき, $G(s)H(s)$ をかぎりなく大きくなるようにすることが，外乱の影響を抑えることだ*!!*

となる．そこで，一巡伝達関数の絶対値（ゲイン）を $|G(s)\,H(s)| \gg 1$ とすることができれば

$$\lim_{t \to \infty} c_2(t) \to 0$$

となり，外乱による影響をかぎりなく小さくすることができることがわかる．

7-2

フィードバック制御系の特性評価

あちらを立てれば こちらが立たず！

① 制御系の特性は立ち上がりや行き過ぎ量などで評価する.

② 個々の制御系で, すべてをよくすることはできない.

前節において, **図 7·7** (a) に示すようなブロック線図は外乱のないフィードバック制御系の基本であり, このとき, 一巡伝達関数の絶対値 ($|G(s) H(s)|$) を十分大きくとれば, 外乱の影響を減らせることがわかった. また, 同図の合成ブロック線図は図 7·7 (b) となる. これまで図 7·7 (a) に示した $G(s)$ だけの動的な特性を考えてきたが, 以下, フィードバック信号が含まれるフィードバック制御系の特性評価を考える.

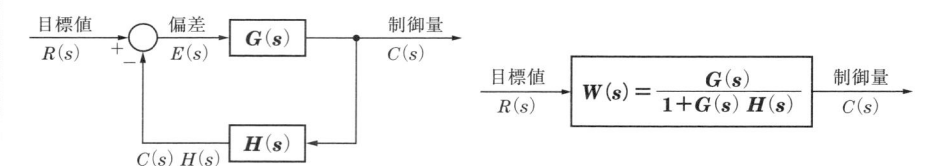

(a) 基本のブロック線図　　　　**(b) (a) と等価な合成ブロック線図**

図 7·7　フィードバック制御系のブロック線図

自動制御に完全な規定というものはなく, 制御系の種類や個々の目的によってより最適な諸量を定めることが多い. 例えば, 系の安定性と速応性などは相反することが多く, 自動車では, 乗り心地 (快適性) と操縦性などが相反している.

一般的なフィードバック制御系のインディシャル応答などを示す**減衰振動状況** (**図 7·8**) において, 制御状況を評価する一般的な指標には, 次のようなものがある.

> ここに示した項目で制御結果を評価することが多いよ！
> 速応性とは, 速やかに応答する性質のことだよ！

立ち上がり時間 (T_r):

応答が最終値 y_∞ の $10 \sim 90\%$ ($5 \sim 95\%$ とする考えもある) に達するまでの時間で, 速応性の目安となる.

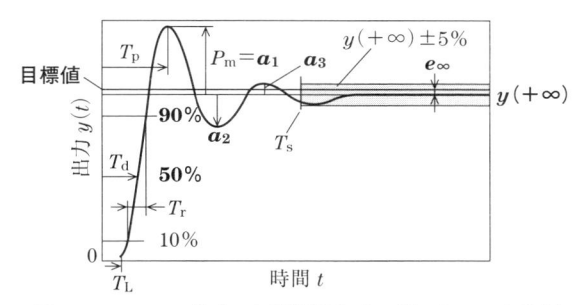

図 7・8　フィードバック制御系のインディシャル応答例

遅れ時間（T_d）：

応答が最終値 y_∞ の 50% に達するまでの時間で，速応性の目安となる．

行き過ぎ時間（T_p）：

応答が振動的となる場合，最初のピーク値（**オーバシュート**あるいは**アッパーシュート**という）を生ずるまでの時間をいう．

行き過ぎ量（P_m）：

行き過ぎ時間において，応答の最初のピーク値をいう．P_m の最終値 y_∞ に対する比であり，通常，百分率〔%〕で表す．これが小さいほど減衰性がよい．

むだ時間（T_L）：

伝達関数が e^{-sL} の形式のむだ時間要素によって生ずるもので，入力が加えられてから応答が始まるまでの時間である．

整定時間（T_s）：

応答が定められた許容範囲（例えば，最終値 y_∞ の ±5%，ほかに 1%，2% などがある）内に入り，それ以降はこの範囲から出なくなるまでの時間をいい，速応性と減衰性の両方に関連している．過渡応答と定常応答の境目の目安となる．

定常偏差（e_∞）：

オフセットともいう．制御系が安定した後の目標値と制御量の差を示す．速応性と制御の精度の目安となる．

減衰率：

純粋な二次遅れ要素では，ζ（減衰係数）で示される．応答が振動的になる場合，k 番目のピーク値と $k+2$ 番目のピーク値の比で示される（図 7・8 の $\dfrac{a_3}{a_1}$ のような比）．制御系の安定性の目安となる．

7-3

閉ループ制御系のステップ応答

········· 制御量 入力側に戻して 閉ループ

❶ 前向き伝達関数から，閉ループ系伝達関数を求める．
❷ 比例ゲインが大きいと，定常偏差が少なくなる．

　フィードバック制御系は，ブロック線図が閉じていることから閉ループ制御系といわれている．閉ループ制御系の伝達関数の動特性の調べ方も，第5章ならびに第6章で示した基本的な動特性と同じである．以下では，閉ループ制御系への入力として，インディシャル（単位ステップ）関数の時間領域での応答（過渡状況と定常状況）を示す．

　まず，前向き伝達関数 $G(s)$ を一次遅れの

$$G(s) = \frac{K}{Ts+1}$$

とし，**図7·9**（a）のように直結フィードバック接続とする．これと等価な合成ブロック線図が図7·9（b）である．この場合，直結フィードバック接続の閉ループ系伝達関数 $W(s)$ は

$$W(s) = \frac{\dfrac{K}{Ts+1}}{1+\dfrac{K}{Ts+1}} = \frac{K}{Ts+K+1}$$

のようになる．

> 図7·9(b)を参考に
> 合成すればよい～.

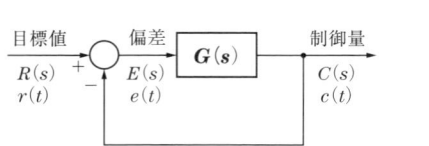

（a）基本的なブロック線図

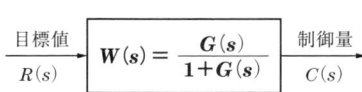

（b）（a）と等価な合成ブロック線図

図7·9　直結フィードバック制御系のブロック線図

　次に，入力のインディシャル関数 $r(t)=1$ に対して，出力のラプラス変換 $C(s)$ を求めると

$$C(s) = W(s) R(s) = \frac{K}{Ts+K+1} \cdot \frac{1}{s} = \frac{K}{s(Ts+K+1)}$$

となる．上式をラプラス逆変換するために，$C(s)$ を部分分数に展開すると

$$C(s) = \frac{K}{s(Ts+K+1)} = \frac{K}{K+1}\left\{\frac{1}{s} - \frac{1}{s+\dfrac{(K+1)}{T}}\right\}$$

となる．出力信号 $c(t)$ は $C(s)$ をラプラス逆変換して求めることができる．

$$c(t) = \mathcal{L}^{-1}\{C(s)\}$$
$$= \frac{K}{K+1}\left[1 - \exp\left\{-\frac{(K+1)t}{T}\right\}\right]$$

となる．この式から，$c(t \to \infty)$ を求めると

$$c(\infty) = \frac{K}{K+1}$$

となり，入力 $r(t)=1$ と差があることがわかる．
したがって，定常偏差 e_∞ は，入力（目標値）との
差であるので

出力の定常値 $c(\infty)$ は，ラプラス変換の最終値の一致から求めることも可能だね～．
$$c(\infty) = \lim_{s \to 0}\{s\,C(s)\}$$

$$e_\infty = 1 - \frac{K}{K+1} = \frac{1}{K+1}$$

となる．

　ここに示した前向き伝達関数が一次遅れである，直結フィードバック接続の過渡応答を，**図 7・10**（時間軸は時定数 T で無次元化している）に示す．この図より，前向き伝達関数の一次遅れのゲイン定数を大きくとると，立ち上がりが速くなり，定常偏差も小さくなることがわかる．

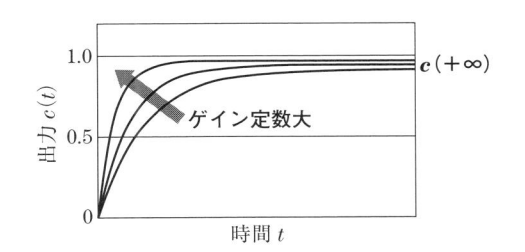

閉ループ制御系では通常，出力が目標値に一致することはないよ～．

図 7・10　直結フィードバック接続の過渡応答例

7-4

閉ループ制御系の周波数応答

―3 dB 出力半分 制御の目安

Point
❶ ゲイン 0 dB が理想的である.
❷ 位相のずれは,ないほうがよい.

前節では,閉ループ制御系の過渡応答を調べる例として,一次遅れ要素をとりあげた.ここでは,二次遅れ要素の閉ループ制御系(**図 7・11**)の周波数特性について調べてみよう.いま,前向き伝達関数を

$$G(s) = \frac{K\omega_n^2}{s^2 + 2\zeta\omega_n s + \omega_n^2} \qquad (\zeta > 0)$$

とする.ここで,ゲイン定数を K,減衰係数を ζ,固有角周波数を ω_n とする.このとき,図 7・11 のような直結フィードバック接続の閉ループ系伝達関数 $W(s)$ は

$$W(s) = \frac{K\omega_n^2}{s^2 + 2\zeta\omega_n s + (K+1)\omega_n^2}$$

のように表せる.

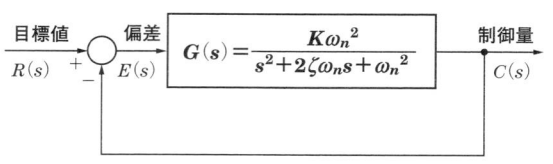

図 7・11 直結フィードバック制御系のブロック線図

フィードバック制御の基本的な周波数特性を理解しておこう!

次に,$s = j\omega$ として,周波数伝達関数を求めると,次のようになる.

$$G(j\omega) = \frac{K\omega_n^2}{(j\omega)^2 + 2\zeta\omega_n(j\omega) + (K+1)\omega_n^2}$$

$$= \frac{K\omega_n^2}{\{(K+1)\omega_n^2 - \omega^2\} + j(2\zeta\omega_n\omega)}$$

$$= \frac{K\omega_n^2\{(K+1)\omega_n^2 - \omega^2\}}{\{(K+1)\omega_n^2 - \omega^2\}^2 + (2\zeta\omega_n\omega)^2} - j\frac{2K\zeta\omega_n^3\omega}{\{(K+1)\omega_n^2 - \omega^2\}^2 + (2\zeta\omega_n\omega)^2}$$

上式より,これまでと同様にゲインと位相を求め,二次遅れのボード線図を描

くことはできる．しかしながら，より一般的に周波数特性を評価できるように，角周波数 ω を固有角周波数 ω_n で割った規格化角周波数 η（無次元化角周波数）を用いる．そこで，$\eta = \dfrac{\omega}{\omega_n}$ として，左ページ最後の式を整理すると

$$G(j\omega) = \frac{K\{(K+1)-\eta^2\}}{\{(K+1)-\eta^2\}^2+(2\zeta\eta)^2} - j\frac{2K\zeta\eta}{\{(K+1)-\eta^2\}^2+(2\zeta\eta)^2}$$

となる．この式より，ゲイン g と位相 φ を求める．まず，$|G(j\omega)|$ を求めると

$$|G(j\omega)| = \frac{K}{\sqrt{(K+1)^2+2\{2\zeta^2-(K+1)\}\eta^2+\eta^4}}$$

となる．したがって，ゲインは

$$\begin{aligned}
g &= 20\log_{10}|G(j\omega)| \\
&= 20\log_{10}\left[\frac{K}{\sqrt{(K+1)^2+2\{2\zeta^2-(K+1)\}\eta^2+\eta^4}}\right] \\
&= 20\log_{10}K - 20\log_{10}\sqrt{(K+1)^2+2\{2\zeta^2-(K+1)\}\eta^2+\eta^4} \\
&= 20\log_{10}K - 10\log_{10}[(K+1)^2+2\{2\zeta^2-(K+1)\}\eta^2+\eta^4] \quad \text{〔dB〕}
\end{aligned}$$

となる．一方，位相は

$$\varphi = \angle G(j\omega) = -\tan^{-1}\left\{\frac{2\zeta\eta}{(K+1)-\eta^2}\right\}$$

規格化角周波数の
大小でその概略を
つかんでみようか．

となる．次に，規格化角周波数 η の各範囲でボード線図を考えてみよう．

● 1　$\eta \ll 1$ のとき

$\eta \ll 1$ のとき，$\eta \doteqdot 0$ とおいて，ゲインは

$$\begin{aligned}
g &= 20\log_{10}K - 10\log_{10}[(K+1)^2+2\{2\zeta^2-(K+1)\}\eta^2+\eta^4] \\
&\doteqdot 20\log_{10}\frac{K}{(K+1)} \quad \text{〔dB〕}
\end{aligned}$$

となる．また，位相は

$$\varphi = \angle G(j\omega) = -\tan^{-1}(0) = 0°$$

となる．

以上のことから η が小さくなると，ゲインは ζ に無関係に $20\log_{10}\dfrac{K}{(K+1)}$ 〔dB〕に近づき，位相は $0°$ に近づくことがわかる．

● 2 $\eta = 1$ のとき

$\eta = 1$ のとき，ゲインは

$$g = 20 \log_{10} K - 10 \log_{10}(4\zeta^2 + K^2) \quad \text{〔dB〕}$$

となる．また，位相は

$$\varphi = \angle G(j\omega) = -\tan^{-1}\left(\frac{2\zeta}{K}\right)$$

となる．

● 3 $\eta \gg 1$ のとき

$\eta \gg 1$ のとき，η の値が大きいことを考えると，$[(K+1)^2 + 2\{2\zeta^2 - (K+1)\}\eta^2 + \eta^4] \fallingdotseq \eta^4$ としてもさしつかえない．したがって，ゲインは

$$g = 20 \log_{10} K - 40 \log_{10} \eta \quad \text{〔dB〕}$$

となる．また，位相も η が大きいことを考えると，$(K+1) - \eta^2 \fallingdotseq -\eta^2$ として

$$\varphi = \angle G(j\omega) = -\tan^{-1}\left\{\frac{2\zeta\eta}{(K+1) - \eta^2}\right\} = -\tan^{-1}\left(\frac{2\zeta}{-\eta}\right)$$

となり，$\eta \to \infty$ とすると，

$$\varphi = \angle G(j\omega) = -\tan^{-1}\left(\frac{2\zeta}{-\infty}\right) = -180°$$

となる．以上のことから，η が大きくなると，ゲインは傾きが $-40\,\text{dB/dec}$ である直線となり，位相は $-180°$ に近づくことがわかる．

図 7・11 の閉ループ制御系でゲイン定数 K が大きい場合の一般的なボード線図を示すと，**図 7・12**，**図 7・13** のようになる．

直結フィードバック制御系の特性で定義されている諸量を示す．

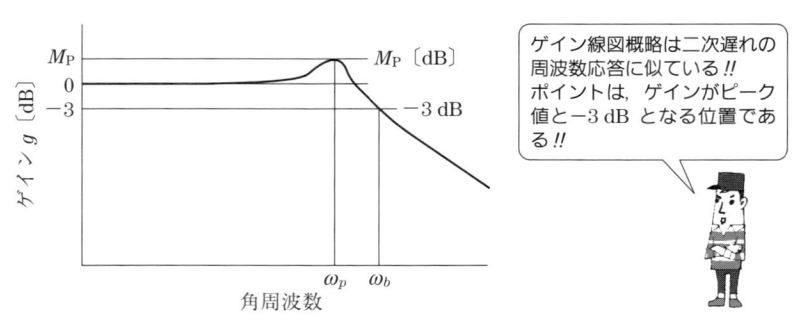

図 7・12　直結フィードバック制御系のボード線図（ゲイン線図）

まず，図 7·12 のゲイン線図にお
いて，ゲインのピーク値（M_P，ピー
クゲインあるいは**共振ピークゲイン**
などといい，ゲイン線図の極値であ
る）は系の安定性を表す指標の一つ
である．

M_P が大きくなると，制御系の安
定度は悪くなる．また，M_P を用い
て振幅比を考えると，$M_P > 1$ では，
共振現象（入力の振幅よりも出力の
振幅が極端に大きくなる）を生じや
すい．ただ，M_P が小さくなり極値
をもたなくなると，安定度は増すが
速応性が極端に悪くなる．それゆえ，
$M_P = 1.1 \sim 1.5$ 程度が望ましいといわれている．

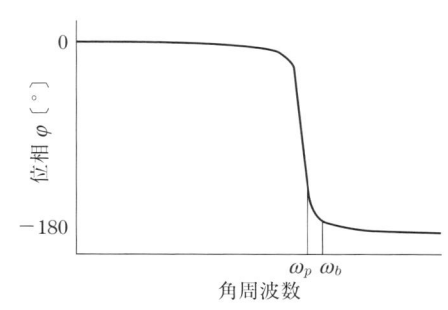

図 7·13 直結フィードバック制御系のボード
線図（位相特性）

数式的には，$\varphi = -\tan^{-1}\left(\dfrac{2\zeta}{-\eta}\right) = \tan\left(\dfrac{2\zeta}{\eta}\right)$
とするところだけど，位相 φ を正しく求める
ために，あえて分母の負記号を残してあるんだ
よ．117 ページのコラム参照だよ！

ゲインのピーク値 M_p を生ずる角周波数を ω_P で表し，**共振
ピーク角周波数**あるいは**ピーク角周波数**という．速応性の目安
となる角周波数で，これが大きいと高周波の入力信号まで応答（追従）する．

ω_p は図 7·11 の前向き要素のゲイン定数を大きくとるほど大きくなる．

図 7·12 に示すゲイン特性で，角周波数が大きくなるとピーク値 M_p をとった
後，ゲインが減少し，$-3\,\mathrm{dB}$（「$\omega \to 0$ でのゲインより $3\,\mathrm{dB}$ 低下するところ」と
は，出力が半分になるところに相当）となる角周波数を**バンド幅**（帯域幅）ω_b と
いう．

バンド幅 ω_b も速応性の指標で，制御系の出力が忠実に応答する限度を示して
いる．これより高い角周波数ではゲインは低下し，位相は図 7·13 に示したよう
に 180° 近く遅れることがわかる．

固有角周波数よりも小さい角
周波数では，ゲインは $0\,\mathrm{dB}$，
位相遅れなし，となるぞ．

7-5

フィードバック制御系の安定性

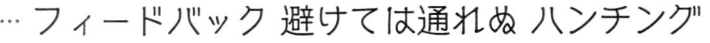

❶ ハンチングは，後追い制御の欠点である．
❷ PID でハンチングは防ぐことができる．

　自動制御の主流であるフィードバック制御は，制御系の速応性，安定性，制御の精度などで優れているが，しかし，欠点がないわけではない．

　図7·14 に示す電気こたつや給湯器などの加温システムでは，設定温度に加温し，温度維持を目標とする単純な**オン-オフ制御**（オン-オフ動作）が用いられている．すなわち，温度が上昇し，設定温度になると，電源がオフになる．また，温度が下がりすぎると，電源がオンになり加温される．このようなオン-オフ制御では，**図7·15** に示すように設定温度付近を上下する，**ハンチング**という現象を生ずる．

> このようなオン-オフにはバイメタル式サーモスタットが用いられることが多いぞ．

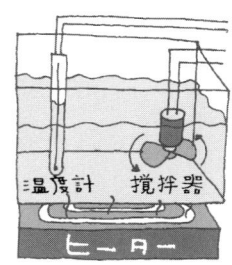

図7·14　フィードバック制御系の加温システム

　また，オン-オフ制御でなくとも，出力が振動する可能性のある二次遅れ以上の要素において，減衰係数を低くとり，加えて制御機器に遅れを生じやすい場合，ハンチングが生じやすい．

　フィードバック制御は，とりあえずの結果を得てからの後追い制御なので，偏差の変化による制御量の変化を検知するまでに時間がかかる（制御量を検知する

センサが鈍感である）と，オーバシュートやダウンシュートの原因となるため，ある程度のハンチング現象は避けられない．

　しかし，このハンチングによる制御量変化の振幅が許容範囲内である場合は，とくに制御で問題のある現象とはいえないが，許容範囲を超えるような場合はハンチングを防止する方策も必要となる．

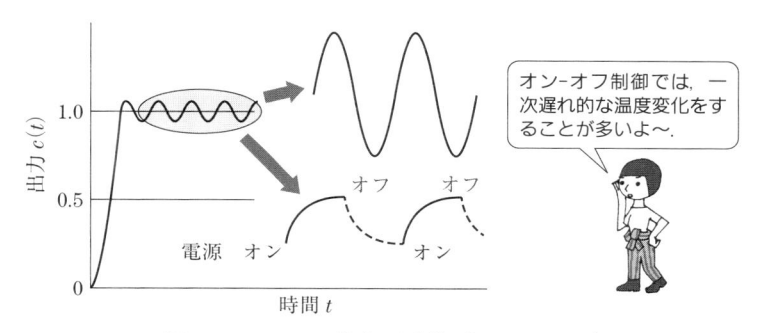

図 7・15　フィードバック制御系のハンチング

　許容範囲を超えるようなハンチングに対処するために用いられている調節法が **PID 動作**（制御）である．この PID 動作が最も多く用いられているのは，フィードバック制御の中でも，プロセス制御の分野である．

　PID とは，偏差に比例（<u>P</u>roportional）した項，偏差を時間で積分（<u>I</u>ntegral）した項，および偏差を時間で微分（<u>D</u>erivative）した項の 3 項を指した略語で，それぞれ適当な重みをかけたものを加え合わせ，新しい偏差として制御要素に加え，併せてフィードバック制御を行うものである．

　PID コントローラは，P，I，D それぞれのゲイン定数などのパラメータをその場で変更できるような自由度のあるもので，現場での利用が可能なものである．

　このような特徴をもった PID 動作は，常にすべてを盛り込んだ状態で用いられるものではなく，P 動作のみ，PI 動作（P 動作と I 動作の組合せ），および PID 動作（P 動作，I 動作と D 動作すべて）の 3 種類の使い方が一般的である．

7-6

PID 制御

ピーアイディ（PID）単純とはいえ 理論的

PID 動作（制御）は，その時点の偏差に比例した P 動作，これまでの偏差変化の時間積分値である I 動作，および偏差の時間微分（偏差の変化率）である D 動作の要素を並列に配置して，その出力を新しい偏差として制御要素に加えてフィードバック制御の性能を向上させることを目的としたものである．ブロック線図に示すと，**図 7·16** のような配置になる．

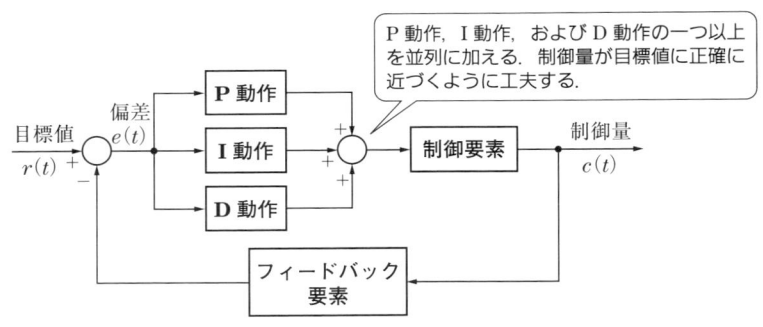

図 7・16　PID 動作を含むフィードバック制御系

図 7·16 に示す PID 動作の特徴は次のとおりである．

① P，I，D，それぞれの意味は，P（比例）が現状の偏差に比例する修正動作，I（積分）がいままでの蓄積に比例した修正動作，D（微分）が現在の変化率に比例する修正動作である．すなわち，前述した比例要素，積分要素および微分要素であり，時間的には，現在（比例），いままで（積分），および，これから（微分）の動向を示すものである．

PID は，通常の偏差を意図的に増加・減少させて，制御量を目標値により速やかに近づけようとする手段だよ！

② PID それぞれの項やその組合せは線形であるので, 理論的に理解しやすい.
③ PID コントローラを利用する場合, P, I, D それぞれのゲイン定数などの
パラメータを現場などで変更できるような自由度のある利用が可能であ
る.

❶ P 動作

P 動作（比例動作）は, 制御対象を偏差（制御動作信号）の現在値で制御しよ
うとする動作である.

この P 動作を含んだフィードバック制御系のブロック線図を**図 7·17** に示す.
目標値をインディシャル関数 $R(s) = U(s) = \dfrac{1}{s}$ とし, 制御対象は二次遅れ（伝
達関数は $G(s)$ とする）で近似し, その応答である制御量を調べる.

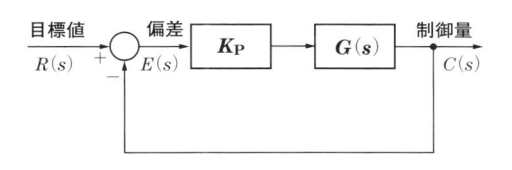 

$K_P = 1$ であれば, 伝達関数 $G(s)$ の直結フィードバック制御だよ！
この K_P を変化させて, 制御量を目標値に近づけよう！

図 7·17　P 動作を含んだフィードバック制御系のブロック線図

制御対象の伝達関数 $G(s)$ を

$$G(s) = \frac{K\omega_n^2}{s^2 + 2\zeta\omega_n s + \omega_n^2} \qquad (\zeta > 0)$$

で表される二次遅れ要素（ゲイン定数を K, 減衰係数を ζ, 固有角周波数を ω_n と
する）とし, その前に比例ゲイン K_P の P 動作をする要素を挿入し, 図 7·17 の
ように直結フィードバック接続で P 動作を考える.

この直結フィードバック接続の閉ループ系伝達関数 $W(s)$ は

$$W(s) = \frac{K_p K\omega_n^2}{s^2 + 2\zeta\omega_n s + (K_p K + 1)\omega_n^2}$$

となる.

次に，出力の定常値 $c(\infty)$ は，ラプラス変換の最終値の一致から求める．

$$
\begin{aligned}
c(\infty) &= \lim_{s \to 0} \left[s\{C(s)\} \right] \\
&= \lim_{s \to 0} \{ s\, W(s)\, U(s) \} \\
&= \lim_{s \to 0} \left[s \cdot \frac{K_P K \omega_n^2}{\{s^2 + 2\zeta\omega_n s + (K_P K + 1)\omega_n^2\}} \frac{1}{s} \right] \\
&= \lim_{s \to 0} \left[\frac{K_P K \omega_n^2}{\{s^2 + 2\zeta\omega_n s + (K_P K + 1)\omega_n^2\}} \right] \\
&= \frac{K_P K}{K_P K + 1} = \frac{K}{K + \dfrac{1}{K_P}}
\end{aligned}
$$

　図 7・17 に示した制御系の出力の例を示すと，**図 7・18** のようになる．このとき，P 動作のゲイン K_P を大きくすると $c(\infty) \to 1$ となるが，通常，定常偏差（オフセット）が残ることは図 7・18 や $c(\infty)$ の式から明らかである．

　P 動作は偏差の大きさに比例して制御しているため，ハンチングをなくすことができる．しかしながら，定常偏差を減らそうとゲインを極端に大きくすると，ハンチングの抑制効果が小さくなる．

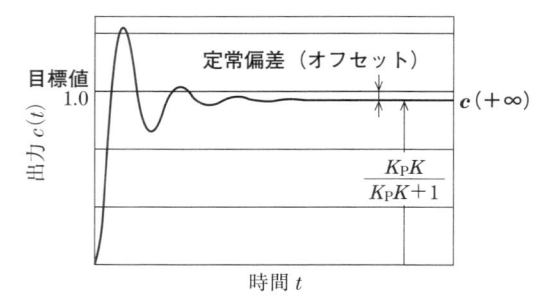

図 7・18　P 動作（比例動作）のみによるステップ応答

P 動作をする要素を入れると，ハンチングをなくすことができるけど，定常偏差が残るよ！

❷ P 動作 ＋ I 動作

I 動作（積分動作）自体は，積分要素にステップ状の制御信号（92 ページ参照）が入ると，一定の割合で出力が増加（入力の積分値に比例）する動作である．つまり，制御信号が一定の場合，積分要素の出力信号は増加をし続け，十分に時間が過ぎた後，無限大になるので，無限大の増幅率をもつ増幅器とみなすことができる．つまり，I 動作は制御の定常偏差が続くかぎりそれをなくす役目をするのである．

そこで，P 動作の定常偏差をなくすため，**図 7・19** のような PI 動作を加えたフィードバック制御系を考える．

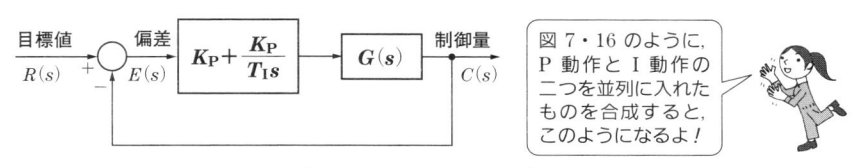

図 7・19　PI 動作を含んだフィードバック制御系の合成ブロック線図

制御対象の伝達関数 $G(s)$ を二次遅れ要素（ゲイン定数を K，減衰係数を ζ，固有角周波数を ω_n とする）とし，P 動作（伝達関数は定数 K_P）と I 動作（伝達関数は $\dfrac{K_P}{T_I s}$）の要素を挿入し，図 7・19 のように直結フィードバック接続で PI 動作を調べる．このとき，直結フィードバック接続の閉ループ系伝達関数 $W(s)$ は

$$W(s) = \frac{K_P K \omega_n{}^2 (T_I s + 1)}{T_I s^3 + 2\zeta\omega_n T_I s^2 + T_I \omega_n{}^2 (K_P K + 1) s + K_P K \omega_n{}^2}$$

のようになる．ただし，T_I は積分時間である．

次に，出力の定常値 $c(\infty)$ は，ラプラス変換の最終値の一致から求める．

$$c(\infty) = \lim_{s \to 0} \left[s \{ C(s) \} \right]$$

$$= \lim_{s \to 0} \{ s\, W(s)\, U(s) \}$$

$$= \lim_{s \to 0} \left[s \cdot \frac{K_P K \omega_n{}^2 (T_I s + 1)}{T_I s^3 + 2\zeta\omega_n T_I s^2 + T_I \omega_n{}^2 (K_P K + 1) s + K_P K \omega_n{}^2} \cdot \frac{1}{s} \right]$$

$$= \lim_{s \to 0} \left[\frac{K_P K \omega_n{}^2 (T_I s + 1)}{T_I s^3 + 2\zeta\omega_n T_I s^2 + T_I \omega_n{}^2 (K_P K + 1) s + K_P K \omega_n{}^2} \right]$$

$$= \frac{K_P K \omega_n{}^2}{K_P K \omega_n{}^2} = 1$$

図 7·19 に示した制御系の出力の例を示すと，**図 7·20** のようになる．P 動作に加えて，P 動作に並列に挿入した I 動作により，$c(\infty) \rightarrow 1$ となり，定常偏差がなくなることがわかる．

　さらに，I 動作自体も，ハンチングを抑制するとともに定常偏差を減らす効果がある．したがって，P 動作に加え，I 動作を組み入れた PI 制御にすれば，ハンチングにおちいることなく，図 7·20 に示すように偏差を 0 にすることが可能となる．ただし，PI 制御は制御量を徐々に目標値へと近づける方法なので，外乱が発生したときなどの速応性にあまり優れていない短所がある．さらに，I 動作を強く（T_I を小さく）すると，位相が遅れるため，システムが不安定になりやすい短所もある．

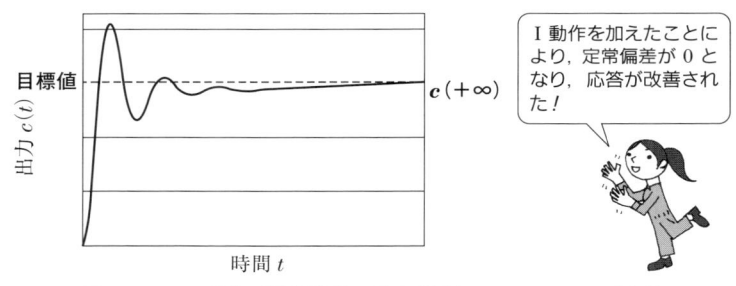

図 7・20　PI 動作（比例動作＋積分動作）によるステップ応答

❸ P 動作 ＋ I 動作 ＋ D 動作

　D 動作（微分動作）自体は，微分要素に制御信号が入ると，出力は微分値（入力信号の傾き）に比例する動作である．93 ページでは，ステップ入力（時間的に変化はないので，微分すると 0 になる）を仮定していたので，出力は 0 であった．

　D 動作は，入力信号の微分値に比例した出力をするから，150 ページの図 7·16 のような制御系では，D 動作をする要素への入力信号は偏差となるので，偏差の微分値（偏差の傾きの大きさ）に比例した出力が期待できる．

　図 7·21 に示した図で，横軸は時間，左側の縦軸は下向きに出力の大きさを表し，1.0 の目盛は制御系全体の入力信号であるステップ関数の大きさを示している．右側の縦軸は偏差の大きさを上向きにとっている．

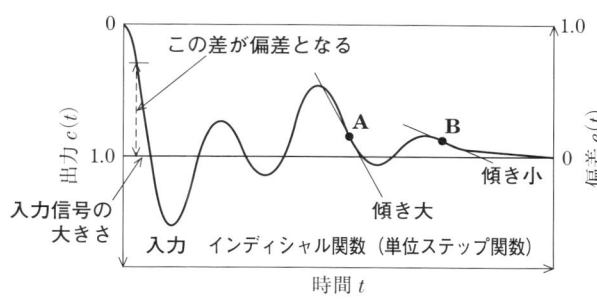

図 7・21　D 動作（微分動作）の考え方

　D 動作を用いると，偏差の傾き（大きさは傾きの絶対値で考える）が大きいときは大きな出力となり，変化があまりない（傾きが小さい）とき出力は小さくなる．実際には，傾きの符号も考慮して，オーバシュートやアンダシュートを抑え，振動周期をできるだけ短くし，結果的に速く安定する働きをする．

　D 動作を導入した PID 制御のフィードバック制御系の例を**図 7・22** に示す．

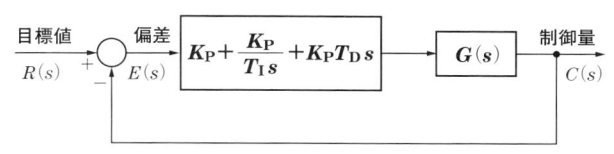

図 7・22　PID 動作を含んだフィードバック制御系の合成ブロック線図

　外乱発生時の応答速度を改善するために使われるのが，D 制御である．すなわち，外乱による変化量の大きさを偏差の微分で求め，操作量を大きくする（微分時間 T_D が大きいほど微分動作が強く働く）のである．この D 制御と PI 制御を併用するのが **PID 制御**である．

　なお，温度，圧力，流量などを制御量とするプロセス制御では，それぞれにゲインコントロールが可能な PID コントローラなども市販され，利用されている．

章末問題

問題 1 図 **7·23** (a) に示す一次遅れ要素と同図 (b) に示す直結フィードバック系において，以下の問いに答えなさい．

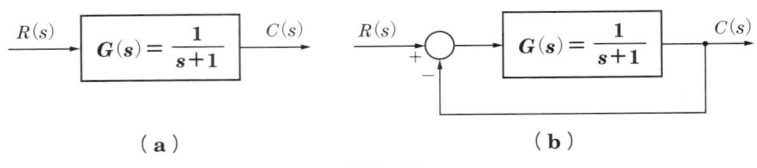

(a) **(b)**

図 7・23

(1)　同図 (b) の前向き伝達関数である $G(s)$ にインディシャル入力が加わった場合（同図 (a)）の応答を求めなさい（フィードバックがない状態）．

(2)　閉回路とした系（同図 (b)）に，インディシャル入力が加わった場合の応答を求めなさい（直結フィードバック）．

(3)　(1) と (2) を比較しなさい．

問題 2 図 **7·24** に示す一次遅れの直結フィードバック系において，以下の問いに答えなさい．

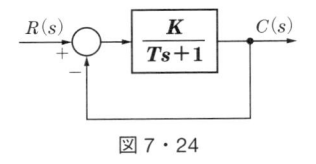

図 7・24

(1)　インディシャル入力が加わる場合の定常偏差を求めなさい．

(2)　(1) の定常偏差を 3% 以下にするための K の値を求めなさい．

問題 3 図 **7·25** の R-C 回路において，回路に印加する電圧 $e_1(t)$ を入力とし，コンデンサの端子間の電圧 $e_2(t)$ を出力と考える．この回路で，$R = 2\,\Omega$，$C = 0.5\,\mathrm{F}$ としたとき，以下を求めなさい．

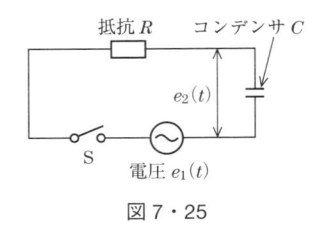

図 7・25

(1)　伝達関数　　(2)　周波数伝達関数

(3)　ゲイン　　　(4)　位相

第8章

センサと
アクチュエータの基礎

　自動制御を理解するために，これまでフィードバック制御を中心にラプラス変換，ブロック線図，過渡応答ならびに周波数応答を学んできた．

　フィードバック制御では，制御量（一度実行した結果に相当）と，目標値を比較することにより，制御（フィードバック）を行っているため，制御量を検知する装置あるいはシステムが必要となる．

　例えば，人間に置き換えると，感覚器官がそれに相当する．人間は感覚器官により，適確に作業を行ったり，上手に危険を避けたりするのである．

　機械も人間の感覚器官と同じ役目をするセンサを実装することで，センサからの情報を制御信号として，アクチュエータを制御し，所定の動作を行ったり，障害物を避けたりさせることができるのである．

　この章では，フィードバック制御を行ううえで重要な要素である，センサとアクチュエータについて学習する．

8-1

制御量の検出と制御対象の操作

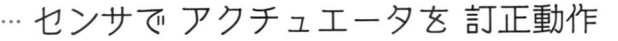

·········· センサで アクチュエータを 訂正動作

フィードバック制御の基本的なブロック線図は外乱を考慮して，**図8·1** のように示すことができる．

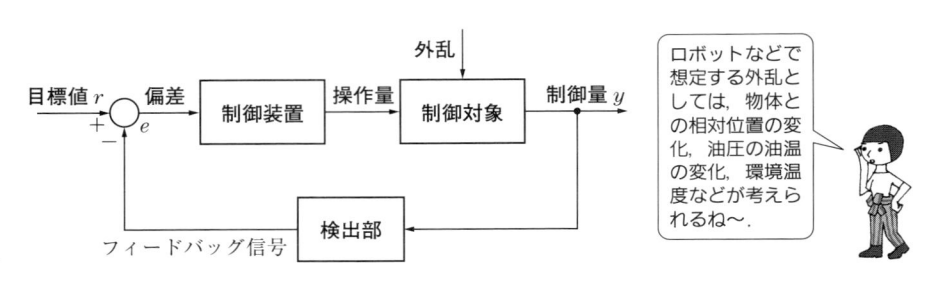

ロボットなどで想定する外乱としては，物体との相対位置の変化，油圧の油温の変化，環境温度などが考えられるね～．

フィードバッグ信号

図8·1 フィードバック制御系のブロック線図

一般的なフィードバック制御では，制御対象の出力信号である制御量を検出してフィードバック信号（負帰還）として戻し，目標値と比較して，（偏差）＝（目標値）−（制御量）としてフィードバック信号を制御装置に伝え，制御量を制御している．そこで，必要となるのが，制御量を検出する**センサ**と操作量を制御対象に加える**アクチュエータ**である．

例えば，**図8·2** に示すような一般的な極座標系産業用関節ロボットを制御する場合，各関節部を動作させるアクチュエータとその位置を検出するセンサが必要である．

図8·1にセンサとアクチュエータを書き入れ

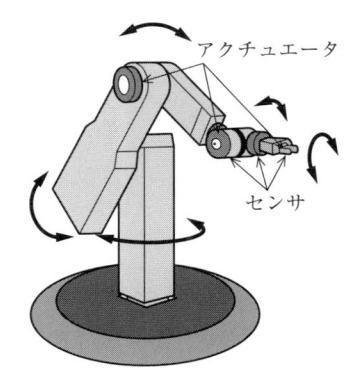

図8·2 極座標系産業用関節ロボットの例

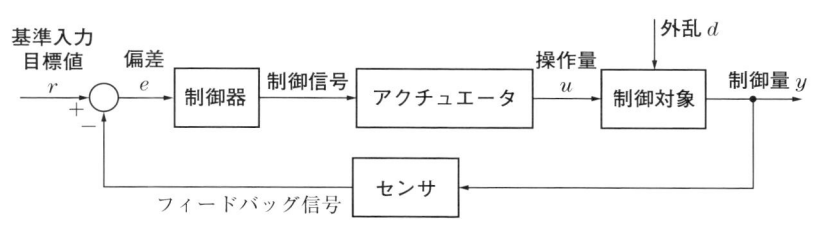

図 8・3　センサとアクチュエータを書き入れたブロック線図

たブロック線図が**図 8·3** である．

　図 8·2 に示したロボットを含め，機械や装置の制御では，変位，速度，加速度，力，圧力や温度等が制御の対象となるのが一般的である．例えば，ワット（J. Watt）の遠心調速機（ガバナ，図 1·17，14 ページ）は，振り子（センサ）で遠心力を感知し，それをてこ（アクチュエータ）によって弁（バルブ）に伝えて，蒸気量を制御しようとしたものである．このような機械的なセンサは現在でも利用されているが，最近の制御はほとんどコンピュータ（PC のような汎用機だけではなく，マイクロプロセッサ単体も含む）を介して行うもので，センサからの出力信号やフィードバック信号，制御信号などが電気信号の場合が多い．このような制御の流れを示すと**図 8·4** のようになる．

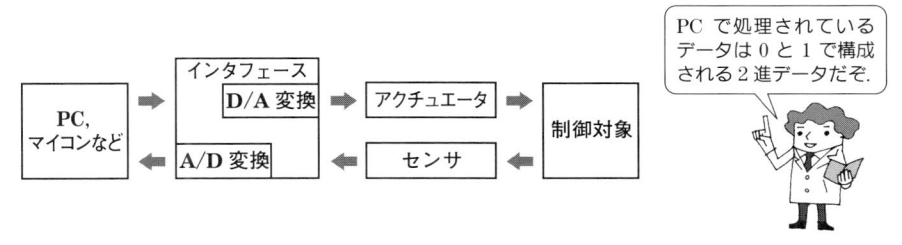

図 8・4　コンピュータ制御の流れ

　図 8·4 において，PC やマイコンへの入力は，2 進データとする必要がある．一方，多くのセンサからの出力信号やアクチュエータへの入力信号はアナログ量が大半である．そこで，アナログ量からディジタル量への変換（**A/D 変換**）と，その逆となるディジタル量からアナログ量への変換（**D/A 変換**）が必要となる．

　また，一般に，コンピュータの内部や多くのディジタル回路では，0 V と，5 V（または 3 V）の電圧を 2 進数の 0 と 1 に対応させて処理を行っている．したがっ

て，A/D 変換に必要な回路や D/A 変換に必要な回路に加え，コンピュータやディジタル回路に入力する電圧などのレベルを合わせるインタフェースも必要となる．

最近のPCのCPUでは，省電力のため 3 V 以下となっているぞ．

センサからインタフェースを経由した信号は，PC やマイコンで処理され，再びインタフェースを経由して，制御対象を動作させるアクチュエータに信号が伝達される．

また，**アクチュエータ**とは，各種エネルギーを機械的な運動に変換する機器と定義される．エネルギーからアクチュエータで変換される運動は，直線運動（ピストンとシリンダ），回転運動（モータ）に大別される．しかし，電気エネルギーでは，高速直線運動に直接変換することは難しい．この場合，最初に回転運動に変換し，その後，ピストン・クランク機構などで直線運動（往復運動）に変換するというようにして，アクチュエータを利用する．

なお，同じ動作をさせるアクチュエータにも，複数考えられるので，それぞれの特徴を考える必要がある．例えば，**図 8·5** に示すようなロボットなどのアーム部において，アームを動作させるにも二つの方法がある．一つは，直線往復運動をする図の A に示すシリンダの直線運動（伸縮）によって，アームを曲げる方法である．アームを曲げる角度を大きくとりたい場合は，さらにリンク機構を用いれば，曲げ角は大きくなる．

もう一つは，アームの根元にモータを実装して，モータの回転によって，アームを曲げる方法である．

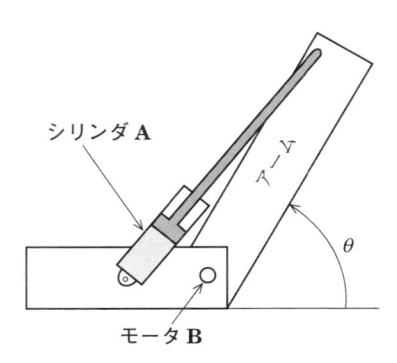

シリンダ **A**

アーム

θ

モータ **B**

図 8·5　アクチュエータの使用例

変位, 音, 電流などの物理量は, **図 8·6** (a) に示すように連続した量の大小変化で表わされ, **アナログ信号**という.

一方, **ディジタル信号**は, 同図 (b) のように, アナログ信号を**離散化**(例えば, 横軸を等間隔に分割し, それぞれの大きさを数値化) し, 一般に, コンピュータ処理をするために, ディジタルの代表のような**2進データ**(0と1の組合せ) に変換されたものであることが多い.

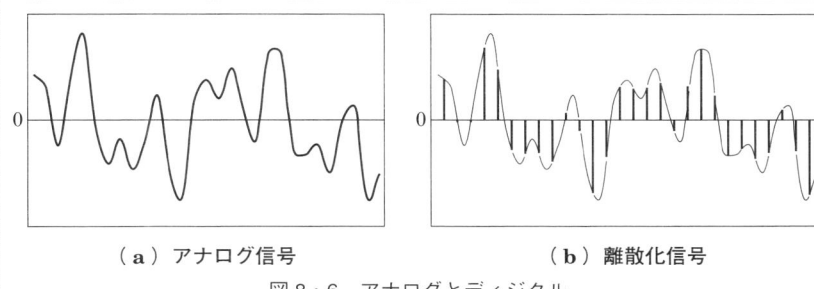

（**a**）アナログ信号　　　　　　　　（**b**）離散化信号

図 8·6　アナログとディジタル

アナログ信号処理は, 例えば音楽信号のように常に変動しているものをそのまま記録, 処理や通信を行う. ディジタル信号処理は, アナログ信号を離散化し, 記録, 処理や通信を行う. アナログ信号処理の欠点は, 記録の複写, 通信距離, 装置などにより, もとの状態が徐々に劣化し, 正確に再現することは不可能となることである.

一方, 通常, 2進データで処理・保存されるディジタル信号もデータ処理過程や伝送で劣化は避けられないが, 単純なフィルタでもとの状態を必ず再現できる特長がある. 単純なフィルタの考え方とは, 0と1で扱われるデータ (**図 8·7** (a)) が, データ処理や伝送途中で0.2と0.75などに変化 (同図 (b)) しても, 例えば, しきい値 (いき値ともいう) を0.5とすれば, この値より大きいか小さいかの比較で, 0と1に修正 (0.2→0, 0.75→1, 同図 (c)) するというものである.

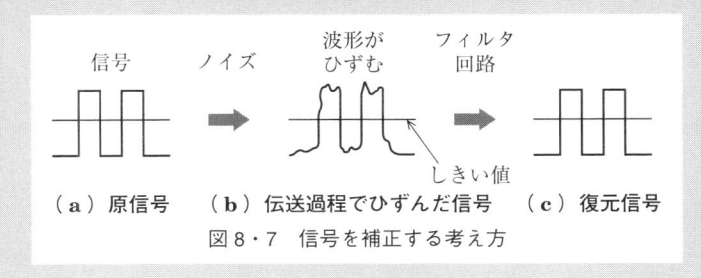

信号　　　ノイズ　　　波形が　　フィルタ
　　　　　　　　　　　ひずむ　　回路

しきい値

（**a**）原信号　　（**b**）伝送過程でひずんだ信号　　（**c**）復元信号

図 8·7　信号を補正する考え方

8-2

抵抗の変化を利用したセンサ

センサで ものの変化を 感じとる

① 抵抗線ひずみゲージはセンサの基本である.
② オン–オフスイッチに利用できるセンサもある.

　ロボット，自動機やプラントなどの制御では，変位，速度，力，圧力などが制御の対象となっている.

　それらの物理量を感知するための**センサ**は，**図8・8** に示すように，制御したい変位，速度，力，圧力などの変化を何らかのしくみで電気，磁気，光などの変化で感知し，変化相当の電気信号を出力するものが多い.出力信号としては，アナログ信号，ディジタル信号，オン–オフの 2 値信号がある.

　アナログ信号は電圧計や電流計に接続すれば，その値を読み取ることも可能なものであるが，コンピュータ処理を行う場合は,ディジタル変換する必要がある.一方,ディジタル信号出力となる場合は,そのままコンピュータへの入力が可能である.2 値信号は，リミッタなどのタッチセンサに向いている.

| 入力信号
物理量など | → | センサ | → | 出力信号
電気信号 |

図8・8　センサの入出力

　センサには，機構に直結できるような機械的な出力というものもあるが，対象物の変化を感知して電圧，電流や磁気などの変化に置き換えて感知するものが現在の主流である.

　例えば，ある物理量の変化にともなって電気抵抗値が変化することを利用したセンサの代表的なものに，**ひずみゲージ**がある.一般的なひずみゲージは，**図8・9** に示すような抵抗線ひずみゲージと呼ばれるもので，プラスチックや紙などの絶縁フィルムに細

> どのようなセンサを用いるかは，物理量が変化したとき，何が変化し，それをどのように感じとれるかを考えることが必要である!!

い金属線を貼り付けたものである.ゲージ長は，1 mm 程度から 10 cm 以上に及ぶものまであるが，ひずみはゲージ長間の電気抵抗値の変化の平均を測定値とし

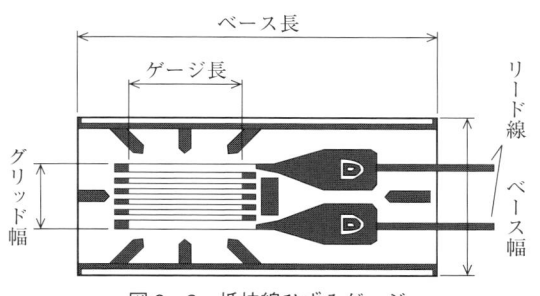

図 8・9　抵抗線ひずみゲージ

ているので，ひずみの変化の程度から，用いるゲージ長を決定すればよい．この
ゲージのセンサとしての原理は，次のようなものである．

　長さ L の抵抗線のゲージ長を短くするために，**図 8·10** のように折り曲げる．
この抵抗線が，引張りを受け，$L+\Delta L$ となったときを考える．このとき，抵抗の
変化率と長さの変化率（ひずみに相当）には，以下の関係が成り立つ．

$$\frac{\Delta R}{R} = k\,\frac{\Delta L}{L} = k\varepsilon$$

　ここで，ε はひずみ，k はゲージ率である．なお，通常の金属線抵抗ゲージの
ゲージ率は 2 程度であり，抵抗値 R は，120 Ω が一般的である．

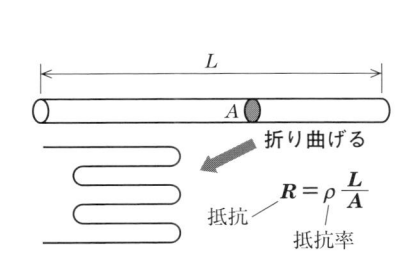

図 8・10　ひずみゲージの原理

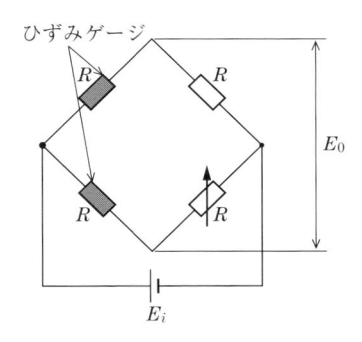

図 8・11　ひずみゲージによるブリッジ回路

　ひずみゲージを用いて，ひずみを測定する場合，通常，**図 8·11** のようにブリッ
ジ回路を組んで測定する．ただし，ブリッジの平衡をとるため，可変抵抗を一つ，
組み込む．

実際には，図8・11のように最低2個のひずみゲージを用い，一方は測定物に貼り付け（例えば，**図8・12**のようにする），他方を測定物の近くに置き，温度補償（温度の影響をとりのぞく）とする．ここで，ブリッジの4辺の抵抗（ひずみゲージを含む）が平衡しているとき，出力E_0（図8・11）は0Vである．

　次に，抵抗RがΔRだけ変化したとすると，出力E_0は

$$E_0 = \frac{1}{4}\frac{\Delta R}{R}E_i \quad 〔\mathrm{V}〕$$

に変化する．このセンサ出力E_0が，インターフェースを通してPC，マイコンなどに入力される．

　上式より，E_0とE_iは比例するので，同じ抵抗変化ΔRでE_0を大きくするには，ブリッジにかける電圧E_iを大きくすればよいことがわかる．ただし，E_iをあまり大きくすると，ジュール熱でゲージが焼き切れるので注意が必要である．

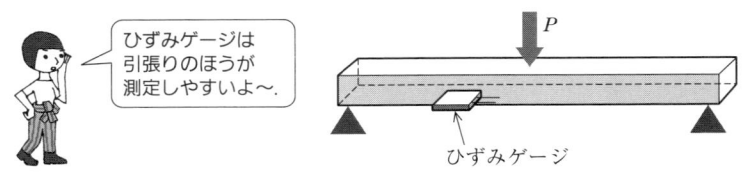

ひずみゲージは引張りのほうが測定しやすいよ〜.

ひずみゲージ

図8・12　ひずみゲージの貼り付け場所

● 1　荷重センサ

　市販されている**荷重センサ**として，**ロードセル**と呼ばれる機器がある．ロードセルの原理は，図8・12と同じで，図8・12で既知の荷重に対するひずみをあらかじめ記録（校正）しておくことによって，未知の荷重に対するひずみを，記録したひずみから推測する．

　ただし，市販のロードセルや荷重センサは平衡がとれるようになっているが，手づくりするときは可変抵抗が必要となる．

● 2　圧力センサ

　圧力センサには，ひずみゲージを利用したものや半導体ゲージ（ゲージ率が50〜120程度）を利用したものなど，さまざまなものが市販されている．基本的にはロードセルと同じ原理であるが，変形が大きくなるようなダイヤフラム（変形しやすい板と思えばよい）を用いている点が多少異なる（**図8・13**）．

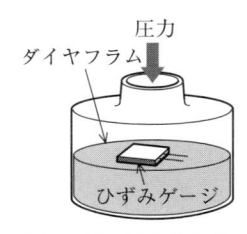

圧力

ダイヤフラム

ひずみゲージ

図8・13　圧力センサ

● 3 その他

　抵抗線の抵抗値が温度変化にともなってほぼ直線的に変わる性質を利用し、抵抗値を測定することにより温度を調べるものに、**測温抵抗線温度センサ（抵抗線温度計）**がある。これによって $500℃$ 以下の測定が可能である。

　また、**サーミスタ**とは、ある温度で抵抗値が急変する性質を利用した感温半導体である。サーミスタは、マンガン、ニッケル、コバルトなどの酸化物を焼結したものが多く、配合成分によりその特性は異なる。連続的な温度測定ではなく、ある温度を超えたかどうかを検出するのに便利である。

　光センサは、光を受けると抵抗値が変化（減少）する、いわゆる光導電効果を利用したものである。可視領域では、硫化カドミウムやカドミウムセレンなどを主成分としたものが多い。

　応答速度は遅いが、安価で簡単なことから、街灯の自動点灯／消灯、露出計などに使われている。

COLUMN　ブリッジの出力をアップする ・・・・・・・・・・・・・・・・・・・・・・・・・・・・・・・・・・

　4辺にひずみゲージを用い、それぞれが、$R_1 = R_1 + \Delta R_1$, $R_2 = R_2 + \Delta R_2$, $R_3 = R_3 + \Delta R_3$, $R_4 = R_4 + \Delta R_4$ と変化した場合（**図 8・14**）、入力・出力電圧の関係は

$$E_0 = \frac{1}{4}\left(\frac{\Delta R_1}{R_1} - \frac{\Delta R_2}{R_2} + \frac{\Delta R_3}{R_3} - \frac{\Delta R_4}{R_4}\right) \cdot E_i$$

となる。この式から、ΔR_1 と R_3 を圧縮、R_2 と R_4 を引張り（あるいはその逆）となるようにひずみゲージを貼り付ければ、出力が大幅にアップすることがわかる。

　とくに、$\Delta R_1 = \Delta R_3 = -\Delta R_1 = -\Delta R_4$ となるような位置に貼り付ければ、4倍となる。

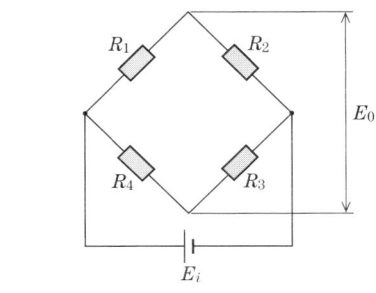

図 8・14　出力増幅するためのブリッジ回路

第8章　センサとアクチュエータの基礎

8-3

発生する起電力等を利用したセンサ

Point
❶ 熱電対は温度の変化で電流が流れる.
❷ フォトセンサは光量の変化で起電力を発生する.

❶ 温度センサ

図 8·15 に示すように，異種の金属線の両端（P と Q）でそれぞれを接続し，PQ 間に温度差を与えると，閉回路に電流が流れ，起電力を生ずる．この起電力を**熱起電力**といい，このような現象を**ゼーベック効果**という．

ゼーベック効果による電流の大きさは，P と Q の両端の温度差（$t_2 - t_1$）のみに比例し，PQ 間の中間の温度には影響されない．

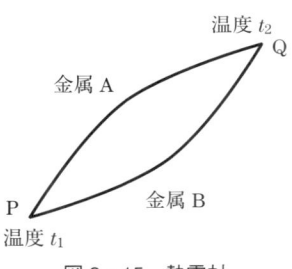

図 8·15　熱電対

表 8·1　熱電対と測定温度範囲

金属（金属 A・金属 B）	測定温度範囲
クロメル・アルメル	$-200 \sim 1\,000°C$
クロメル・コンスタンタン	$-200 \sim\ \ \ 700°C$
鉄・コンスタンタン	$-200 \sim\ \ \ 600°C$
銅・コンスタンタン	$-200 \sim\ \ \ 300°C$
白金・白金ロジウム合金	$0 \sim 1\,600°C$

クロメル：　　　　　ニッケルとクロムの合金
アルメル：　　　　　ニッケルとアルミニウムの合金
コンスタンタン：ニッケルと銅の合金

この現象を利用し，温度を測定する図 8·15 のような温度センサを**熱電対**という．熱電対の線材料と測定温度範囲を**表 8·1** に示す．ただし，測定温度範囲は合金の割合によって異なるので参考値である．

熱電対では，図 8·15 の回路の電流，あるいはPQ 間の電位差を測定することにより，PQ 間の温度差が測定できる．そこで，PQ いずれかの点（基

> 普通のアルコール温度計では 100°C までしか測定できないが，熱伝対では 1 000°C 以上も測定できる*!!*

準接点〔冷接点〕という，例えば t_1) の温度が既知であれば，他方の点の温度が判明することになる．通常，基準接点（冷接点）に用いる温度標準は国際的にも定められており，その一つが氷水（平衡状態で，$t_1 \fallingdotseq 0°C$）である．

❷ 位置センサ・光スイッチ

シリコン，ゲルマニウム，ガリウムヒ素，ガリウムヒ素リンなどを主材料とした p 形半導体と n 形半導体で構成されるダイオードの接合面に光を当てると，電極間に起電力が発生する．この現象を**光起電力効果**という．光起電力効果を利用したものにフォトダイオード，フォトトランジスタ，CCD（電荷結合素子）や太陽電池などがある．

フォトダイオードは，可視部から赤外部近辺までの感度があり，応答性能もよい．受光すると，起電力を発生し，微弱であるが電流が流れる．発生する電流と光量の比が安定しているため，精度を必要とする受光素子として使用されている．照度計，ディジタルカメラの受光素子，ライトペン，テレビやエアコンなどのリモコンなどに用いられている．

フォトトランジスタは，トランジスタなので，ダイオードよりも 1 層追加され，npn 接合または pnp 接合で構成される．単純に考えると，フォトダイオードの出力が増幅回路に入力されるようなものであるから，フォトトランジスタは，フォトダイオードに比較して感度が高くなる．しかし，フォトトランジスタは，感度は高いが入出力の関係が直線でないため，一般的にはトランジスタのスイッチング作用を応用するものとして使われることが多い．また，フォトダイオードと IC を組み合わせたものが**フォト IC** である．

そういえば，光センサはリモコン，自動ドアなどに利用されているわ～．

光スイッチは**図 8·16** に示すように，センサに赤外線などを発光する発光素子と，その光を受ける受光素子が取り付けられており，受光素子と発光素子の間で物体の有無を検知するものである．製造機器・機械などでは，部品（品物）の位置や有無を検知するために，このような光を利用したセンサが使われる．

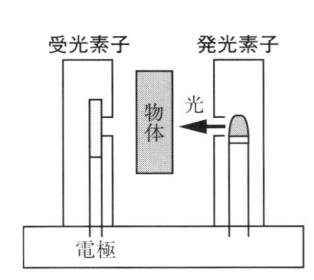

図 8・16　光スイッチ

❸ 角度センサ

角度センサ（エンコーダ）を構造で分類すると，回転角度を検知するロータリエンコーダと，平面上の移動を検知するリニアエンコーダ（回転円板ではなく，帯状の板にスリットがある）がある．単純なロータリエンコーダは PC 用マウスに使われている．

図 8·17 に示すのが，ロータリエンコーダの模式図である．

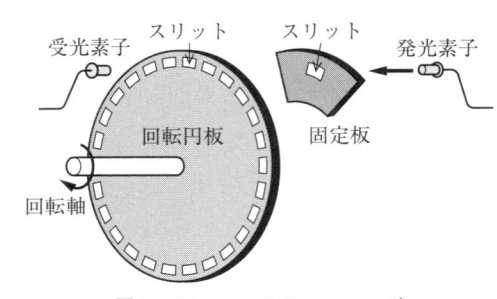

図 8·17　ロータリエンコーダ

一般に，発光素子には発光ダイオード（LED）が，受光素子にはフォトダイオードあるいはフォトトランジスタが使われる．発光素子から出た光は固定板スリット（インデックススリットともいい，実際は図 8·17 よりももう少し複雑である）を通り，回転円板スリットを通過したときだけ，受光素子に感知される．1 回転あたりのスリット数が多いほど分解能（感度）が高くなる．

❹ 距離センサ

金属体に生ずる，うず電流による磁束の変化を利用した差動変圧器形うず電流距離センサの模式図を**図 8·18** に示す．このセンサは，コイルを 3 個用いたもので，① は磁束発生用のコイルとし，電圧を加え，磁束を発生しておく．

② と ③ のコイルは差動接続（② に発生する磁束と，③ に発生する磁束の向きを逆にする）し，例えば，図のように電圧計を接続する．金属板が ③ から十分離れているとき，②

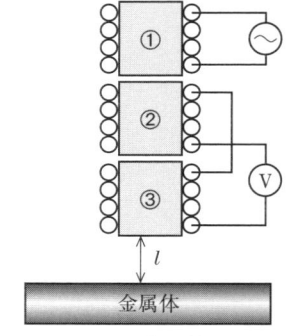

図 8·18　磁束の差を利用するセンサ

と ③ を通過する磁束はほとんど同じと考えることができ，電圧は 0 V となる．

このとき，金属がコイル ③ に近づくと，金属体にうず電流を生じ，③ を通る磁束が減少する．つまり，② と ③ を通る磁束に差が生じ，起電力を生ずる．

距離センサはこの起電力（あるいは電流）と磁束の関係を利用したものである．

CCD（**電荷結合素子**）とはフォトダイオードの集合体で，300 万画素のディジタルカメラとは 300 万個のフォトダイオードが格子状に並べられている CCD が使われていると考えればよい．

ディジタルカメラは，それぞれのフォトダイオードから入った光情報をまとめて一つの画像をつくり上げている．

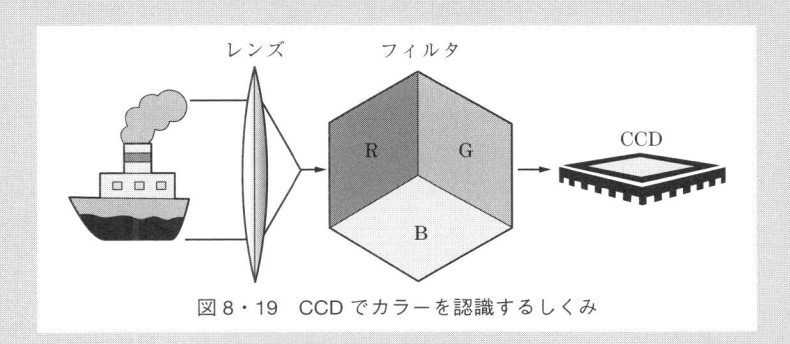

図 8・19　CCD でカラーを認識するしくみ

図 8・19 のように，レンズを通過した光を CCD で受ける．しかし，CCD は「光の強弱（明暗）」を感じるだけで，「色の違い」を感じることはできないので，そのままではカラー画像を CCD から取り出すことはできない．

ところで，PC のディスプレイ表示では，赤（R），緑（G），青（B）の明暗を組み合わせて画像を表示している．すなわち，レンズから取り込む光を赤，緑と青に分解できれば，その逆の合成も可能であることがわかる．

例えば，赤い光だけを通すフィルタを使用すれば，画像中の赤成分の明暗がわかるわけである．つまり，赤（R），青（B），緑（G）の「原色フィルタ」を CCD にかけることで光の 3 原色の各色について，その明暗を分離・抽出できることになる．この 3 原色の明暗を組み合わせれば，RGB カラーによるカラーの画像ができあがることになる．

また，3 原色ではなく，それぞれの補色であるシアン（C），マゼンタ（M），イエロー（Y）の「補色フィルタ」を用い，補色 3 色の明暗に分離する CMY カラーもある．

いずれにおいても，それぞれで得られた色情報を合成すればカラーの画像を得ることができる．

8-4

直動形アクチュエータ

エネルギーを 受けて運動 ストレート

Point
❶ 油圧と空気圧の大きな違いは圧縮性である.
❷ ソレノイドはオン–オフに用いることが多い.

アクチュエータは，図 8·3（159 ページ）のブロック線図に示したように，送られた制御信号を機械動作（操作量，機械的エネルギー）に変換し，制御対象を動作させるものである．図 8·3 のアクチュエータの部分を示すと**図 8·20** となる．

| 入力
制御信号 | → | アクチュエータ | → | 出力
操作量 |

図 8·20　アクチュエータの入出力線図

実際に，制御信号を受けて動作するアクチュエータのエネルギー源には，電気，油圧および空気圧がある．それぞれのエネルギー源別にアクチュエータを分類したものを**図 8·21** に示す．

また，アクチュエータの運動は，ソレノイドやシリンダのような直線運動とモータのような回転運動に大別できる．

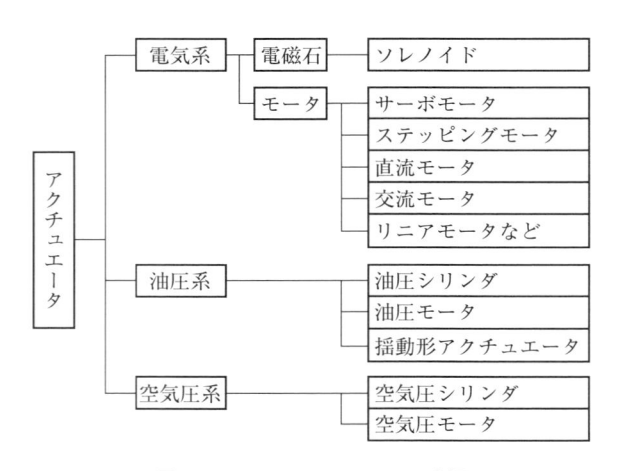

図 8·21　アクチュエータの分類

アクチュエータの駆動源となる電気，油圧，および空気圧のそれぞれの特徴を**表 8·2** に示す．油圧機器と空気圧機器は，その構造の概要・動作は似ているが，大きな違いは油がほぼ非圧縮性であるのに対し，空気は圧縮性が大きいということである．

　空気圧の「応答性が遅い」や「位置制御が難しい」という短所は，空気の圧縮性が大きいことによるものである．

表 8·2　アクチュエータの動力源の比較

	電　気	油　圧	空気圧
応答性	きわめて速い	速い	遅い
動作速度	速い	速い	比較的速い
制御性	容易	容易	位置制御が難しい
寿　命	比較的長い	長い	短い

　また，一般的に，電気エネルギーのアクチュエータは，回転運動のものが多く，油圧・空気圧は直動（往復運動）のものが多い．

　図 8·22 において流体が油の場合，非圧縮性なので，流入した容量分だけピストンが移動し，流入量と同量の流体が右側から出ることになる．一方，流体が空気の場合，圧縮性が大きいので，流体が流入してもピストンとシリンダ間の摩擦やピストンの重量，加えてピストンに加えられる負荷により，極限的にはピストンがまったく動かないことや，瞬間的には行き過ぎることもある．そのため，空気圧では位置制御が難しいことになる．

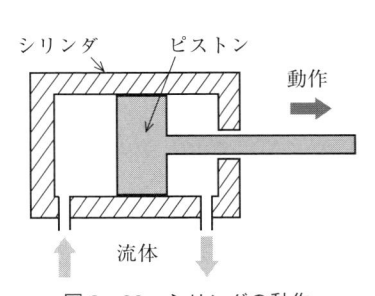

図 8·22　シリンダの動作

● 1　ソレノイド

　磁力の吸引力を直接利用するアクチュエータを**ソレノイド**という．ソレノイドの原理は，**図 8·23** に示すような中空のコイルに電流を流すと，**プランジャ**（可動鉄心）がコイルの中心に引かれ，電流を止めるとばねの力でもとに戻るというものである．

　したがって，プランジャがコイルの中心に引かれる力を利用したり，逆に押す力を利用したりすることができる．引く力のみを利用するソレノイドをプル形，

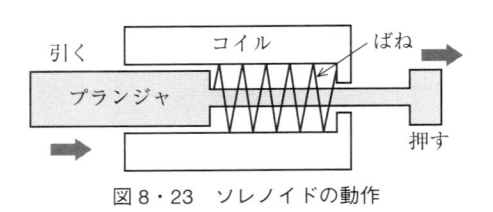

図 8・23　ソレノイドの動作

押す力のみを利用するものをプッシュ形，両方を利用するものを両用形という．また，プランジャの復元にばねの力を利用せず，コイルを二つ用いるものもある．

　なお，ソレノイドは電流のオン−オフを利用するものなので，プランジャの移動による機器の微調節ではなく，プランジャによる機器・装置のオン−オフ（切換え）に利用することが多い．

● 2　空気圧・油圧シリンダ

　直線（往復）運動を行うアクチュエータの一つに**シリンダ**がある．**図 8・24** に示すように，シリンダには大別すると片ロッド形と両ロッド形がある．

　また，ピストンロッドを動作させる流体には空気と油があり，いずれも圧力をかけた空気あるいは油を用い，空気圧シリンダあるいは油圧シリンダという．

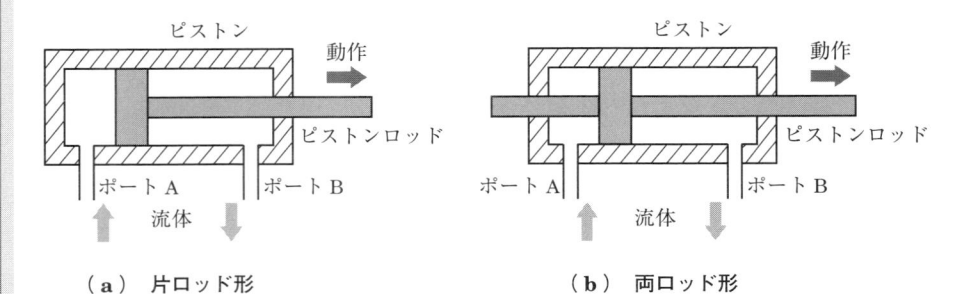

（a）　片ロッド形　　　　　　　　　　（b）　両ロッド形

図 8・24　シリンダの種類

　図 8・24 のような状態では，流体の流れの方向を変えると，ピストンロッドも逆方向へ移動する．このようなシリンダを複動シリンダといい，両方向の動作をさせたいときに利用できる．一方，ピストンロッドの戻りに，ばねや外力を用い，一方向の動作だけに用いるものを単動シリンダという．

油圧の場合，油もれや火災の心配（油の種類による），作動油が高温になるため油冷却用のタンクなどが必要になる，といった問題がある!!

(1) 緩衝装置（図8·25）

片ロッド形のピストンロッドが右方向移動すると，ピストンが側壁に衝突するおそれがある．これを回避するため，図のような**緩衝装置**が用いられる．ピストンの凸部 A が側壁の C 部に入ると，B 部の流体は，チョークとクッションバルブでしぼられ，C 部から配管口への流出量が減るので，ピストンは減速される．

左方へ動作するとき，配管口からの流体は，C 部と逆止め弁や一部クッションバルブを通った流体は，B 部にも流出し，全面的にピストンを押すことになる．

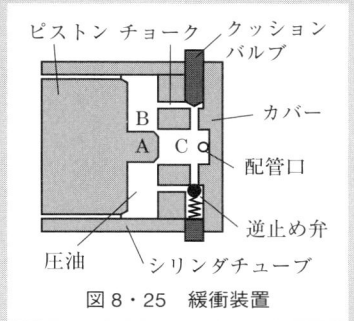

図 8・25　緩衝装置

(2) リリーフ弁（図8·26）

空気や油などの作動流体の圧力が設定以上になると，機器が破壊されるおそれがある．これを回避するため，**リリーフ弁**を設ける．リリーフ弁の圧力設定ばねで設定された圧力以上になると作動流体がリリーフ弁を押し上げ，流体が右方へ流出され，内部圧力が低下する．

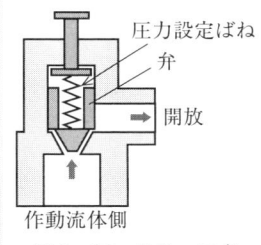

図 8・26　リリーフ弁

(3) スプール弁（図8·27）

スプール弁は，スプールによって流れを切り換える制御弁である．図 8·27 の左図で，二つの流入口のうち，左側はスプールでふさがれている．右側から流入した流体は，B 部を通ってアクチュエータへ入る．アクチュエータから排出された流体は A 部を通って，流出口から出る．右図はスプールを左へ移動した場合で，アクチュエータへの流体の流れを逆転できるしくみである．左側から流入した流体は，A 部を通ってアクチュエータへ入る．アクチュエータから排出された流体は B 部を通って，流出口から出る．

例えば，このスプール弁を図 8·24 に接続すれば，スプールの移動でピストンロッドの動作を切り換えることができる．

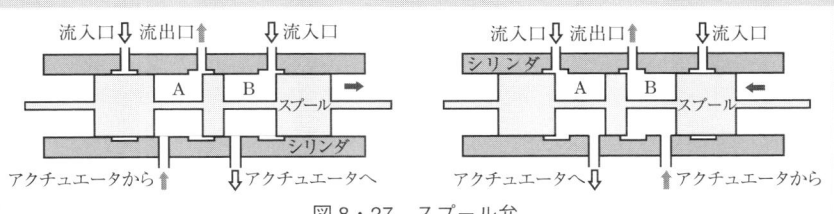

図 8・27　スプール弁

8-5

回転運動形アクチュエータ

———— モータは もらうエネルギーを 回転に

Point
❶ ステッピングモータの制御は簡単である.
❷ サーボモータは制御用センサ付きモータである.

❶ ステッピングモータ

ステッピングモータは，多相のコイルを巻いた固定子磁極とピッチの少しずれた凸形(とっ)の回転子とで構成されている（模式的に示したものが**図8・28**）.

図8・28において，コイルAとA̅，BとB̅が対になっており，片方が＋側とすると，もう一方は－側となる．例えば，コイルA（＋）A̅（－）の対に電流を流すと，A側がN極，A̅側がS極となり，永久磁石の回転子は図のような位置となる.

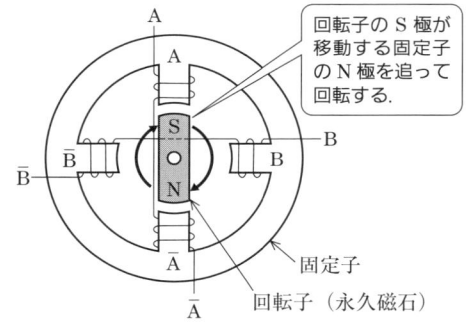

回転子のS極が移動する固定子のN極を追って回転する.

固定子
回転子（永久磁石）

図8・28　ステッピングモータの原理

次に，コイルB（＋）B̅（－）の対に電流を流すと，B側がN極，B̅側がS極となり，回転子は図の位置より90°右へ回転する．したがって，電流を流すコイルをA→B→A̅→B̅→A……と順次切り換えると，それに追随して回転子が一定角度（この図では90°）ずつ回転することになる．この一定角度を**ステップ角**といい，単純には磁極数を多くすればステップ角が小さくなり，細かい回転制御が可能となる.

つまり，ステッピングモータは入力パルスの信号に即した角度だけステップ状に回転し，回転速度は入力パルスの切換速度に比例する．ステッピングモータを回転させるためのパルス信号の与え方（励磁方法(れいじ)）は，専用のドライバIC，トランジスタなどによる電子回路や，PCの出力インタフェースの利用などが考え

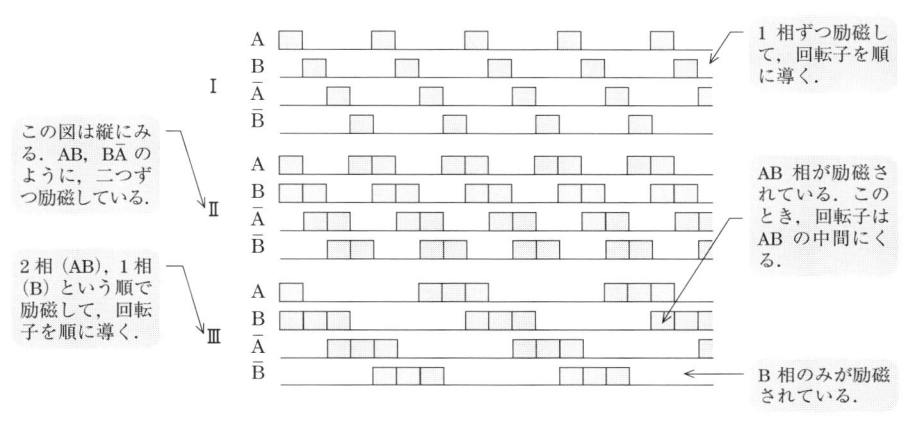

図 8・29　ステッピングモータのタイムチャート

られる．**励磁方法**（固定のコイルに電流を流す方法）は，1 相励磁，2 相励磁あるいは 1-2 相励磁があり，それぞれ**図 8・29** のようなタイムチャートとなる．1 相励磁（Ⅰ）は，電流を流す（励磁する）コイルが 1 相だけで，順次，相を切り換えて回転させる方式である．

　2 相励磁（Ⅱ）は，電流を流すコイルを 2 相ずつとし，順次，相を切り換えて回転させる方式である．高トルクが得られるが，電流は 1 相励磁の倍になる．

　1-2 相励磁（Ⅲ）は，1 相励磁と 2 相励磁を交互に行う方式で，駆動パルスが 2 パルスごとに切り換わるので，ステップ角は 1 相励磁や 2 相励磁の半分となる．

　いずれの励磁方法でも，電流を流すコイルの順を逆にすると，逆回転ができる．

　以上の説明からわかるように，固定子の励磁されているコイル部分に引かれて回転子が回転する．励磁の移動を停止すれば，回転子は停止する．つまり，ステッピングモータは，励磁方法は別として励磁の移動（移動速度）と停止で回転制御している．このため，フィードバックを含まない開ループ制御，例えば，プリンタで紙送りやヘッドの移動制御に用いられる．

　ステッピングモータの特長には，角度を正確に制御できることや，回転の安定性などがある．また，原理からもわかるように，静止状態でも磁力により回転子が固定されているので，静止トルクが大きいということも特長である．

> ステッピングモータは，正確な回転角度を刻むため，大きな時計などにも用いられているぞ．

❷ 電気サーボモータ

電気サーボモータは，与えられた制御信号にしたがって，回転方向，回転速度，出力などを正確に変えることのできる電動機である．電源の種類により直流サーボモータと交流サーボモータがあり，基本的な構造は一般的な電動機（電動モータ）と同じである．

直流サーボモータには，他励式，自励式があり，自励式には，さらに直巻と分巻がある．交流サーボモータには，誘導電動機と同期電動機がある．

サーボモータは，急加速・急減速，正転・逆転などを要求されるところで使用されるので，慣性によるブレを小さくするために回転子の直径を小さくし，高トルクを得るために軸方向の長さを大きくしたものの多い点が，通常の電動機と異なっている．

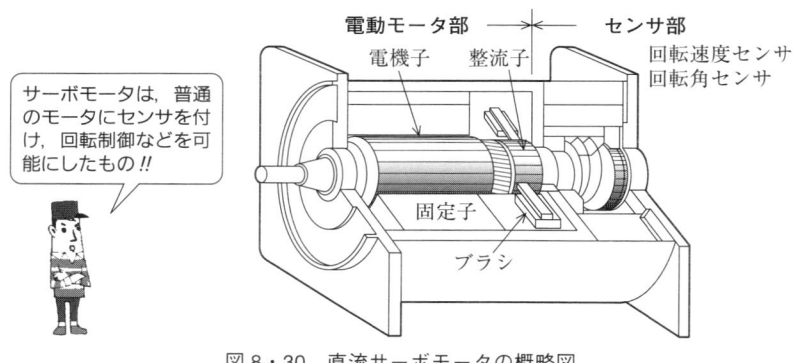

図 8・30　直流サーボモータの概略図

一般的な直流サーボモータの概略を**図 8・30**に示す．

図 8・30 からわかるように，サーボモータは通常の電動モータ部と，隣接したセンサ部からなっている．センサ部では，回転速度の検出にはタコジェネレータ，回転角の検出にはロータリエンコーダなどのセンサが用いられている．

直流サーボモータの多くは，コイルを巻いた電磁石を回転子とし，固定子には永久磁石を用いている．交流サーボモータは，回転子に永久磁石を用い，コイルを巻いた電磁石を固定子に用いることが多い．また，直流式と交流式の構造的な違いには，整流子とブラシの有無がある．直流サーボモータにある整流子とブラシは，回転子のコイルに常に一定の方向の電流を流す役目をもつ．

直流サーボモータの特徴をあげると次のようになる.
- ・ 制御装置の構成が簡単である.
- ・ 正転・逆転, 速度制御が容易である.
- ・ ブラシは消耗品のため, 定期的な交換が必要である.

また, 交流サーボモータの特徴は次のようになる.
- ・ 整流子やブラシがないので, 故障が少ない.
- ・ 過負荷に強い.
- ・ 電源が容易に得られる.

直流サーボモータは, プリンタなどの位置決めや紙送り, 監視カメラの駆動などに利用され, 交流サーボモータは, 産業用ロボットや工作機械に利用されている.

❸ 油圧式アクチュエータ

油圧式アクチュエータは, 応答性がよく, 比較的大出力が得られるので, 幅広く利用されている. しかし, 最近は電動モータの性能が向上しているので, 電動モータに代替が進んでいる. 以下の種類がある.

油圧モータには, ロータに付いた羽根を油圧で回すベーンモータ, シリンダとプランジャの往復運動から回転力を得るプランジャモータ, それと, **図 8・31** のような歯車モータがある. いずれも逆に利用すれば, 油圧ポンプともなる.

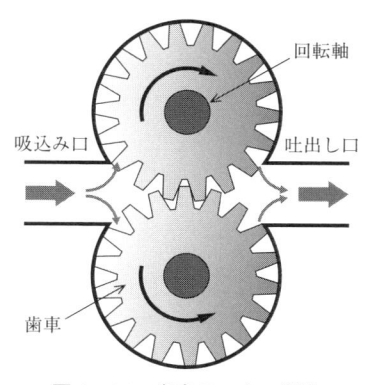

図 8・31　歯車モータの構造

歯車モータは, 吸込み口から圧油が入ると, 歯車が図示した方向に回転することで, 回転軸の一方あるいは両方から出力が得られるものである. ベーンモータやプランジャモータに比べて, 構造が簡単であり, 小形軽量で安価である.

油圧機器は構成が複雑で, 多くの制御弁が必要なので, 作動油の保守や管理が面倒, という欠点があるよ〜

章末問題

問題1 ひずみゲージを2枚（測定物に貼付）と，同抵抗値の抵抗二つを用いて，**図8・32** のようにブリッジ回路を組んだ．測定物に外力を加えたところ，一つのひずみゲージの抵抗が ΔR だけ増加し，もう一方のひずみゲージの抵抗は ΔR だけ減少した．このとき，ブリッジ回路の入力電圧 E_i と E_0 の関係を示しなさい．

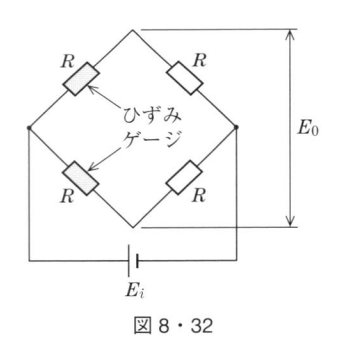

図8・32

問題2 サーボ機構とは，例えば，アクチュエータの位置や角度などをフィードバック制御しているものともいえる．このような観点から，電気サーボと油圧サーボの特徴を比較しなさい．

問題3 運転免許をとりたての人の運転が下手なことを，自動制御の観点から記述しなさい．

問題4 自動車の ABS（アンチロック・ブレーキ・システム）を自動制御の観点から記述しなさい．

章末問題の解答

第 1 章

問題 1 人は経験から，コップの内容物の温度，コップの材質（重いのか，軽いのか，硬いのか，軟らかいのか，熱の伝わりやすさなど）を推測し，つかむという動作を開始する．目の前のコップや内容物を観察し，これまでにつかんだ経験があれば，安心してしっかりとつかむ．また，経験がなければ，軽く触れ，自身の推測と違うところがあれば，最初の推測を修正して，つかむ動作をすることになる．

解図 1 人がコップをつかむとき

さらに，つかみ方も紙コップやガラス，陶磁器などコップの材質で異なり，さらに同じ材質のコップでも内容物の温度により変えている．

問題 2 シーケンス制御の四つの構成要素（命令処理部，操作部，制御対象，検出部）と信号の流れは，図 1·11（9 ページ）に示すようなものである．

全自動洗濯機の主な動作には ① 洗濯機の中に洗剤を入れる，② 水を入れる，③ モータを駆動して洗濯する，④ 排水する，⑤ すすぐ，⑥ 脱水するなどがある．

命令処理部では，直前の動作の完了を確認し，次の命令を送る．命令処理部から制御命令を受けた操作部は，水栓を開けたり，洗濯槽のモータを駆動したりする操作を行う．

制御対象とは，洗濯やすすぎなどの動作，洗濯機の状況・状態を示すランプなどの点灯をいう．また，検出部とは，制御対象の状態（ためた水量，洗濯動作の現段階，経過時間など）を確認し，命令処理部に伝えるものをいう．

問題 3 シーケンス制御はあらかじめ定められた順序で各段階を進める制御方法である．例えば，信号システム（図 1·5，4 ページ）もその代表的なもので，

青色の次は黄色と決まっており，青色の点灯が決められた時間を経過すると，青色が消えて黄色が点灯する．交差点では，少なくとも2方向の信号制御となるので，複雑だが，決められた順序で動作している．シーケンス制御は，洗濯機，自動販売機，工場の自動化設備やエレベータなど多くのところで利用されている．

　フィードバック制御とは，制御した結果をもとに戻し，目標値と比較し，結果と目標値を一致させるように操作する制御方法である．例えば，図1・16（13ページ）に示したブロック線図に，ヒータで物体を加熱する温度制御を対比して考える．制御装置・対象がヒータと物体であり，制御量が物体の温度である．また，検出部は温度センサで物体の温度を測定し，比較部へ信号（フィードバック信号）を送る．比較部はフィードバック信号と目標値である温度を比較し，その差を偏差として制御装置に送る．

　フィードバック制御の長所は，物体の温度に影響する外気温などの外乱があっても目標値に近づけられることである．このため，フィードバック制御は，機械の位置や状態の制御に多く利用されている．

　欠点は，あくまでも結果をみてからの制御なので，ときにより遅れを生ずることである．

▎問題4▕

　【順序制御】一定の順序で動作する制御で次のようなものがある．

　　① 自動販売機では，「投入金の確認」⇒「飲料選択」という順序．② エレベータでは，ボタンスイッチが押された順序．例えば，5階で静止しているエレベータに乗り込み，先に1階のボタンが押されると，下に降りる動作を開始する．6階のボタンが押されても1階へ降りる．③ 洗濯機では，「給水」⇒「洗濯」⇒「排水」という順序で動作することをいう．

　【条件制御】定められた条件が成立したときに機器を動作させる制御で，次のようなものがある．

　　① 自動販売機では，投入金が確認され，選択した飲料が販売機内にあるときにはじめて，それが選択可能となり，購入できるようにする．② エレベータでは，扉が完全に閉じられ，行き先ボタンスイッチが押されたときにはじめて動作させる．③ 洗濯機では，給水や排水が完了すると，それらのバルブ（弁）が閉じて，はじめて次の段階（洗濯や脱水のためのモータ始動）へ進む．

　【時間制御や計数制御】定められた時刻や時間，あるいは計数結果で動作する制

御で，次のようなものがある．

　①自動販売機では，購入後，投入金額に残高があり，定められた時間内であれば続けて購入できる．購入個数にもとづいて次の動作に移る．②エレベータでは，ある階で停止すると，扉が開き，その後，乗り降りに設定された一定時間後に扉が閉じる．③洗濯機では，例えば10分間洗濯し，排水後に2分脱水する，というようなものである．

　この制御には，カウンタやタイマなどが必要となる．

■問題5 　炊飯の火力は，**解図2**のような強弱の流れがよいといわれている．

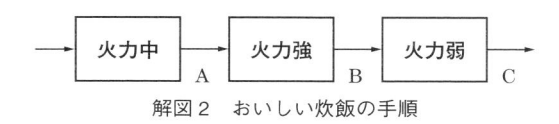

解図2　おいしい炊飯の手順

　炊飯は，といだ米を釜に入れ，加熱して炊くことをいう．加熱の手順は，まず「米を煮る」に近い状況で芯まで加熱し，その後，短時間で水分がなくなるまで加熱して蒸し，最後は底のほうがやや焦げる程度まで蒸しながら保温するとおいしいご飯が炊けるといわれている．

　「煮る」から「蒸す」に変える点が解図2のAで，「蒸す」から「少し焦げる程度まで蒸す」に変える点が同図のBである．また，点Cは，炊上りを示す点である．

　点A，B，Cは，釜のふたを開ければある程度，見た目で判断ができるが，ふたを開けると温度が低下してしまうため，おいしいご飯が炊けない．そこで，ふたを開けずに点A，B，Cを判断する目安として，「ぐつぐつしている」「吹きこぼれ始めた」などの経験則を利用している．

　この経験則の目安を数値化した，フィードフォワード制御による炊飯器が主流となっている．

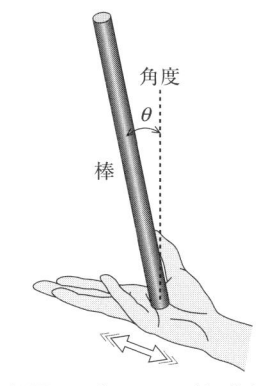

■問題6 　棒を手のひらに乗せバランスをとり，棒が倒れないように維持する問題である．実際には，**解図3**に示したように，対象物である棒の現状の角度 θ を目で判断し，棒が傾いた場合は，傾いた方向へ手のひらをすばやく動かす操作をし角度を $\theta = 0$

解図3　手のひらの棒が倒れないようにするには

に近づけようとすればよい.

　ここで，棒の角度 $\theta = 0$（垂直）は目標値である．外乱，すなわち，棒の制御を妨げる要因としては，棒の曲がり（しなり），風，まわりの景色や床の状態などが考えられる.

　この種の問題には，工学では倒立振り子（支えている点よりも重心が上部にある振り子），ロケット制御などがある.

第 2 章

┃問題 1┃ $x(t) = e^{-\alpha t}$ $(t > 0)$ であるので，ラプラス変換の定義式より

$$\mathcal{L}\{e^{-\alpha t}\} = \int_0^\infty e^{-\alpha t} \cdot e^{-st} dt$$

$$= \int_0^\infty e^{-(\alpha + s)t} dt$$

$$= \left[-\frac{1}{s + \alpha} e^{-(\alpha + s)t} \right]_0^\infty$$

$$= \frac{1}{s + \alpha}$$

のように求めることができる.

┃問題 2┃ ラプラス変換の定義式より

$$\mathcal{L}\{x(t)\} = \int_0^\infty x(t) e^{-st} dt$$

$$= \int_0^2 e^{-st} dt + 0 \cdot \int_2^3 e^{-st} dt - 3 \cdot \int_3^5 e^{-st} dt + 0 \cdot \int_5^\infty e^{-st} dt$$

$$= \left[-\frac{1}{s} e^{-st} \right]_0^2 - 3 \left[-\frac{1}{s} e^{-st} \right]_3^5$$

$$= \frac{1}{s} - \frac{1}{s} e^{-2s} - \frac{3}{s} e^{-3s} + \frac{3}{s} e^{-5s}$$

となり，連続していない関数のラプラス変換も求めることができる.

┃問題 3┃ いずれの問題も $y(t)$ のラプラス変換を $Y(s)$ とし，それぞれの式の両辺をラプラス変換（変換表を活用）して $Y(s)$ を求める.

(1)　問題の式の両辺をラプラス変換すると，次のようになる．

$$\mathcal{L}\{y'(t)+2y(t)\}=\mathcal{L}\{5\}$$

$$sY(s)+2Y(s)=\frac{5}{s}$$

上式を整理して

$$Y(s)=\frac{5}{s(s+2)}$$

となる．ラプラス変換の公式である最終値の一致

$$\lim_{t\to\infty}y(t)=\lim_{s\to 0}sY(s)$$

を利用して，$y(t\to\infty)=\dfrac{5}{2}=2.5$ を得る．

(2)　問題の式の両辺をラプラス変換すると，次のようになる．

$$\mathcal{L}\{y'(t)+2y(t)\}=\mathcal{L}\{4\}$$

$$sY(s)-3+2Y(s)=\frac{4}{s}$$

上式を整理すると

$$Y(s)=\frac{4+3s}{s(s+2)}$$

となる．ラプラス変換の公式である最終値の一致

$$\lim_{t\to\infty}y(t)=\lim_{s\to 0}sY(s)$$

を利用して，$y(t\to\infty)=2$ を得る．

▌問題 4▕

(1)　線形問題では重ね合わせが可能で，問題を各項別に変換し，重ね合わせてもよい．例えば，(1) の問題では，ラプラス変換を $\mathcal{L}\{\ \ \}$ で示すと，$F(s)=\mathcal{L}\{f(t)\}$ は

$$\mathcal{L}\{5\}-\mathcal{L}\{e^{-3t}\}+\mathcal{L}\{e^{-2t}\}$$

となり，項別のラプラス変換をラプラス変換表から求め，問題式の符号に合わせて加減算をすればよい．

$$F(s)=\frac{5}{s}-\frac{1}{s+3}+\frac{1}{s+2}$$

(2) $\quad F(s) = \dfrac{5}{s^2+5^2} - \dfrac{3s}{s^2+5^2} = -\dfrac{3s-5}{s^2+25}$

(3) $\quad (t) = 6e^{-2t}\sin 3t - 9e^{-2t}\cos 3t$ と展開すると

$$F(s) = \dfrac{6\cdot 3}{(s+2)^2+3^2} - \dfrac{9(s+2)}{(s+2)^2+3^2} = -\dfrac{9s}{(s+2)^2+9}$$

(4) $\quad F(s) = \dfrac{3}{s} + \dfrac{4}{s^3} - \dfrac{36}{s^4}$

▌問題 5 変換表の像関数欄をみると，問題の形式そのままでは載っていない．また，s^2+4s+5 は因数分解もできない．このような二次式の場合，完全平方の形を考えるとよい．$s^2+4s+5 = (s+2)^2+1$ となるので

$$X(s) = \dfrac{s}{s^2+4s+5} = \dfrac{s}{(s+2)^2+1}$$

となる．上式とラプラス変換表を比べて

$$X(s) = \dfrac{s}{(s+2)^2+1} = \dfrac{(s+2)}{(s+2)^2+1} - \dfrac{2\cdot 1}{(s+2)^2+1}$$

と変形する．よって，変換表より

$$x(t) = e^{-2t}\cos t - 2e^{-2t}\sin t$$

を得る．

第 **3** 章

▌問題 1 s−空間（ラプラス変換領域）で，コンデンサの電荷 $Q(s)$ や回路の電流の関係は，次のようになる．

$$I_2(s) = sQ(s), \quad I_3(s) = \dfrac{E(s)}{R}, \quad E(s) = \dfrac{Q(s)}{C}$$

$$I_1(s) = I_2(s) + I_3(s) = s\,Q(s) + \dfrac{E(s)}{R} = Cs\,E(s) + \dfrac{E(s)}{R}$$

伝達関数 $G(s)$ は，次のようになる．

$$G(s) = \dfrac{E(s)}{I_1(s)} = \dfrac{R}{CR\,s+1}$$

したがって，答えは，（2）である．

問題2 s-空間で，コイルと抵抗の各端子間の電圧や電流の関係は，次のようになる．

$$\begin{cases} E_2(s) = Ls\,I(s) \\ E_1(s) = R\,I(s) + E_2(s) \end{cases}$$

二つの式より，$I(s)$ を消去して，伝達関数 $G(s)$ を求める．

$$G(s) = \frac{E_2(s)}{E_1(s)} = \frac{s\,L}{R + s\,L}$$

次に，$s = j\omega$ とし，分母と分子を R で割ると，周波数伝達関数は

$$G(j\omega) = \frac{\dfrac{j\omega L}{R}}{1 + \dfrac{j\omega L}{R}}$$

となる．したがって，答えは，（4）である．

問題3 問題の伝達関数は一次遅れの形式である．一次遅れの基本形は，**解図4** のように示され，分母の s の一次式の定数項を 1 とすることがポイントである．

そこで，問題の伝達関数の分母と分子を 2 で割って，次のように変形する．

$$G(s) = \frac{8}{5s+2} = \frac{4}{2.5s+1}$$

上式と解図4に示した伝達関数の
基本形を比較して，$K=4$，$T=2.5$
を得る．

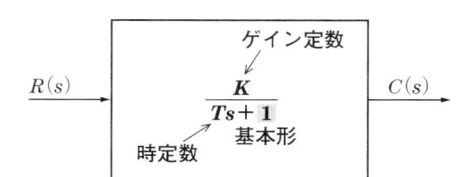

解図4 一次遅れの伝達関数の基本形

問題4 問題の伝達関数は二次遅れの形式である．二次遅れの基本形は，**解図5** のように示され，分母の s^2 の係数を 1 とすることがポイントである．

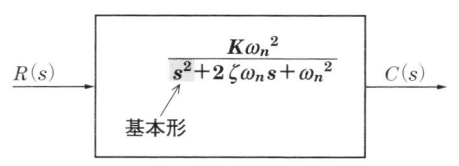

解図5 二次遅れの伝達関数の基本形

そこで，問題の伝達関数の分母と分子を 5 で割って，次のように変形する．

$$G(s) = \frac{15}{5s^2 + 6s + 5} = \frac{3}{s^2 + \dfrac{6}{5}s + 1}$$

この式と二次遅れの基本形と比較して，以下の関係式を得る．

$$K\omega_n{}^2 = 3, \quad 2\zeta\omega_n{}^2 = \frac{6}{5}, \quad \omega_n{}^2 = 1$$

上式より，$\omega_n > 0$ として，$K = 3$，$\omega_n = 1$，$\zeta = 0.6$ となる．

第 4 章

■問題 1 この問題は，**解図 6** のような標準的なフィードバック接続のブロック線図において，$Q(s) = 1$ の特殊な場合である．

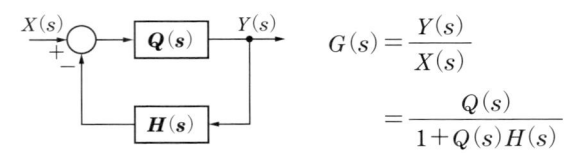

$$G(s) = \frac{Y(s)}{X(s)}$$
$$= \frac{Q(s)}{1 + Q(s)H(s)}$$

解図 6 標準的なフィードバック接続のブロック線図

したがって，$G(s)$ は

$$G(s) = \frac{1}{1 + H(s)}$$

となる．

■問題 2 問題のブロック線図は，二つの伝達関数の直列接続なので，**解図 7** (a) に示すような各伝達関数の積（ステップ 1）より，合成ブロック線図（最終形）は同図 (b) のようになる．

| $R(s) \rightarrow \dfrac{2}{s+1} \cdot \dfrac{s+1}{s+2} \rightarrow C(s)$ | $R(s) \rightarrow \dfrac{2}{s+2} \rightarrow C(s)$ |

（ a ）各伝達関数の積（ステップ 1）　　（ b ）合成ブロック線図（最終形）

解図 7 直列接続のブロック線図の合成

したがって，$G(s)$ は次ページ 1 行目となる．

$$G(s) = \frac{2}{s+2}$$

問題3 問題は，二つの伝達関数がフィードバック接続されているので**解図8**
（a）のように合成（ステップ1）され，整理すると，同図（b）（最終形）のように
になる．

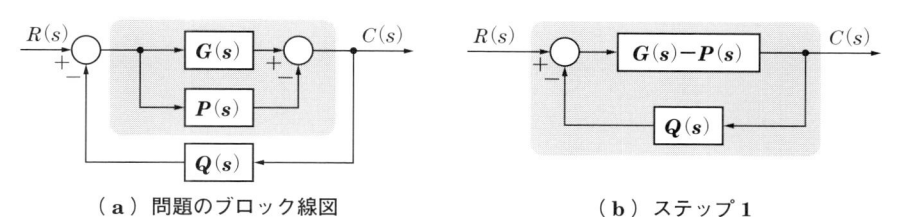

（**a**）ステップ1 （**b**）合成された最終形

解図8　フィードバック接続されたブロック線図の合成

したがって，$G(s)$ は以下となる．

$$G(s) = \frac{2(s+2)}{(s+1)(s+4)}$$

問題4 ブロック線図内部の並列接続部を最初に合成（ステップ1）し，その
後，フィードバック部を合成（ステップ2）すればよい．まず，**解図9**（a）の並
列接続部を合成すると，同図（b）のようになる．次に，右図のフィードバック要
素である $Q(s)$ を加えて合成する．

（**a**）問題のブロック線図 （**b**）ステップ1

解図9　二つの伝達関数の並列接続のブロック線図

その結果，**解図10** のように合成されたブロック線図を得る．答は（4）となる．

解図10　フィードバック要素を合成された最終形（ステップ2）

問題 5 このような問題は，中央部の伝達関数 $G(s)$ と $H(s)$ から順次，外側に向かって合成する．

(1) まず，**解図 11** に示した $G(s)$ と $H(s)$ を合成する（ステップ 1）．

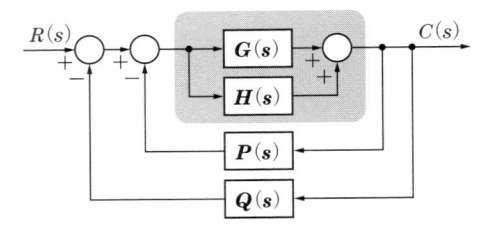

解図 11 問題のブロック線図

(2) 次に，**解図 12** に示した内側のフィードバック要素の $P(s)$ までを合成する（ステップ 2）．

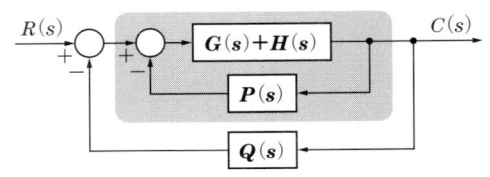

解図 12 最終形のステップ 1

(3) 最終的に，**解図 13**（a）に示したフィードバック要素の $Q(s)$ までを合成すると同図（b）となる．

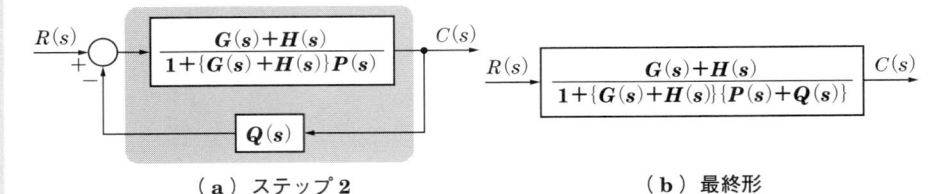

（a）ステップ 2　　　　　　　　　　（b）最終形

解図 13 合成されたブロック線図

問題 6

(1) 三つのフィードバックを内から外へ順次合成すればよい．まず，**解図 14** に示した伝達関数

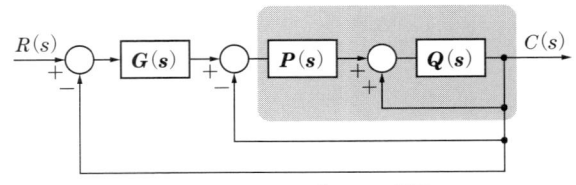

解図 14 問題のブロック線図

$Q(s)$ とフィードバック（正帰還）を合成する（ステップ 1）．その後，直列接続された要素 $P(s)$ との合成（ステップ 2）を行う．

(2) 次に，**解図 15** の内側
のフィードバック（負
帰還）を合成する．そ
の後，直列接続された
要素 $G(s)$ と合成（ス
テップ 3）する．

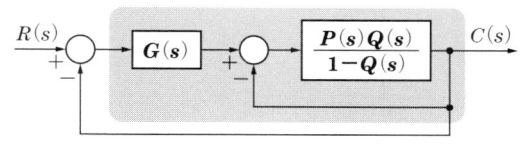

解図 15　ステップ 1 とステップ 2 を合成

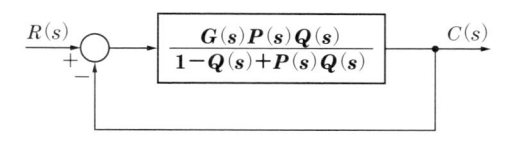

（a）ステップ 3

(3) 続いて**解図 16**（a）の
フィードバック（負帰
還）の合成を行い，最
終的な合成結果（同図
(b)）を得る．

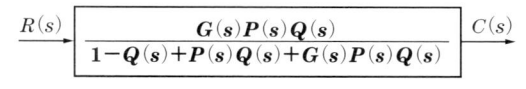

（b）最終形

解図 16　最終的な合成結果

問題 7

(1) **解図 17** に示した信
号線 ① と ② が交差
しているので，まず，
信号の流れに注意し
て，① 右側の引き出
し点を**解図 18** のよ
うに移動する（ステッ
プ 1）．その後，内側
のフィードバック部
を合成し，直列接続
$G(s)$ を合成（ステッ
プ 2）すると，**解図
19** のようになる．

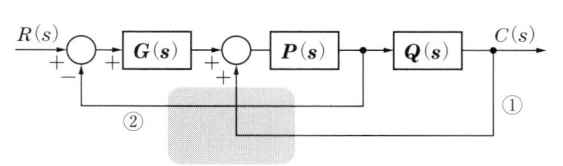

解図 17　問題のブロック線図

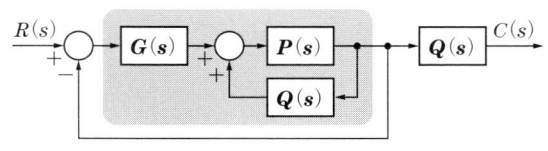

解図 18　ステップ 1

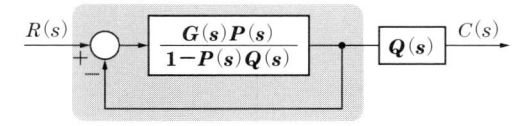

解図 19　ステップ 2

(2) フィードバック部を合成する．

(3) 直列接続を合成して，**解図 20** の
結果を得る．

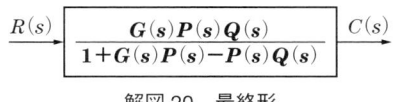

解図 20　最終形

問題 8

(1) 図 4·45 において，要素 $Q(s)$ の部分は，要素 $H(s)$ の出力信号が $Q(s)$ や $P(s)$ などへ送られることを考え，**解図 21** のように引き出し点を変更する（ステップ 1）．その後，並列となる $Q(s)$ の部分を合成する（ステップ 2）．

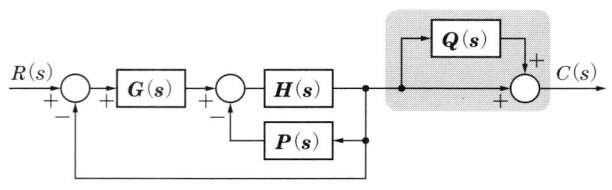

解図 21　ステップ 1

(2) 次に，**解図 22** の $H(s)$ と $P(s)$ のフィードバック部分を合成し，その後，直列要素 $G(s)$ を合成する（ステップ 3）．

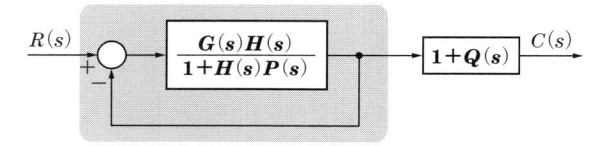

解図 22　ステップ 2

解図 23　ステップ 3

(3) 続いて，**解図 23** のフィードバック部を合成する（ステップ 4）と，**解図 24**(a) のようになる．

（a）ステップ 4

(4) 最終的に，直列接続を合成し，同図(b) の結果を得る．

（b）最終形

解図 24　合成ブロック線図

問題 9

図 4·46 に示されたフィードバック信号（上部）を，まず出力側から入力側（最外部）のフィードバック信号へ変換する（ステップ 1）．出力側からみ

ると，伝達関数 G_4 の前段階の信号を G_4 の通過後にフィードバックされているので，その信号は等価変換した伝達関数 $\dfrac{1}{G_4}$ を通過させ，G_3 の通過後と同じにすればよい．同様の考え方で，入力側では，伝達関数 G_1 の通過後にフィードバックされているので，$\dfrac{1}{G_1}$ を通過させて，G_1 の前にフィードバックさせる．その結果，**解図 25** のようになる．

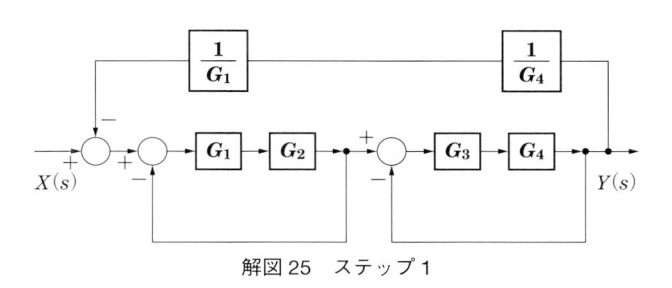

解図 25　ステップ 1

次に，内側のフィードバック部分から順に合成すると，**解図 26** のようになる．

$$X(s) \longrightarrow \boxed{\dfrac{G_1 G_2 G_3 G_4}{(1+G_1 G_2)(1+G_3 G_4)+G_2 G_3}} \longrightarrow Y(s)$$

解図 26　合成ブロック線図

第 5 章

| 問題 1 |　この伝達関数は，むだ時間要素と一次遅れ要素の直列接続であるので，それぞれの標準形（一次遅れは，分母が $Ts+1$ の形）に変形する．

$$G(s) = e^{-2s}\,\frac{6}{5s+2} = e^{-2s}\,\frac{3}{2.5s+1}$$

ブロック線図とインディシャル（単位ステップ）応答の略図は**解図 27，28** のようになる．

このステップ応答の特徴は，定常

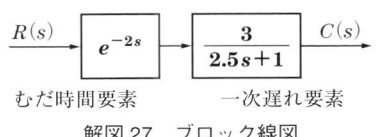

むだ時間要素　　　一次遅れ要素

解図 27　ブロック線図

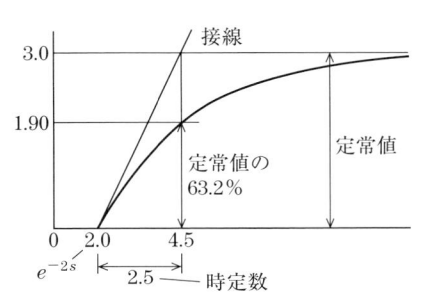

解図 28　インディシャル応答の略図

解答

値（3.0），e のべきにあるむだ時間（2.0），時定数（2.5），むだ時間と時定数の和（4.5）で，定常値の 63.2% になることである．解図 28 より，横軸 2.0 での接線と定常値の交点は，むだ時間と時定数の和（4.5）に一致する．

問題 2

(1)　式を導く方法は 3-5 節（56 ページ）を参照する．入力を $E(s)$，出力を $I(s)$ とし，伝達関数 $G(s) = \dfrac{I(s)}{E(s)}$ を求める．

$$G(s) = \frac{I(s)}{E(s)} = \frac{1}{Ls+R} = \frac{\dfrac{1}{R}}{\left(\dfrac{L}{R}\right)s+1}$$

これは，一次遅れの形式の伝達関数であり，ゲイン定数 K と時定数 T を用いた標準形である $\dfrac{K}{Ts+1}$ と比較すると，時定数 $T = \dfrac{L}{R}$ を得る．また，ゲイン定数 $K = \dfrac{1}{R}$ である．

(2)　電圧は単位ステップ入力であるので，$E(s) = \dfrac{1}{s}$ とすると

$$I(s) = \frac{K}{Ts+1}\frac{1}{s} = K\left(\frac{1}{s} - \frac{T}{Ts+1}\right)$$

となる．上式をラプラス逆変換すると

$$i(t) = K\left(1 - e^{-\frac{t}{T}}\right)$$

を得る．

$i(t)$ の定常値，つまり，$i(t \to \infty)$ を求めるには，ラプラス変換の最終値の一致（$I(s)$ から $i(t \to \infty)$ を求める）でもよいが，ここでは，$i(t)$ の式から求める．

$$i(t \to \infty) = K(1 - e^{-\infty}) = K = \frac{1}{R}$$

(3)　$i(t \to \infty) = \dfrac{1}{R} = 0.05$ より，$R = 20\,\Omega$．定常電流の 63.2% になるまでの時間とは時定数 T と同じで

$$T = \frac{L}{R} = 0.004, \quad L = 0.004 \cdot 20 = 0.08 \quad [\mathrm{H = Wb/A} \text{ あるいは } \mathrm{V \cdot s/A}]$$

問題3 液面水位，流入流量，流出流量などの関係は線形とは考えられない．しかし，液面水位，流入流量や流出流量が平衡しているところからの変化分を考えると，それらの関係は近似的に線形といえる．

ステップ状の増加量を α〔m³/s〕とし，伝達関数を $G(s) = \dfrac{\beta}{1+Ts}$ とすると，出力である液面水位の変化分 ε のラプラス変換 $E(s)$ は，次式で示される．

$$E(s) = \frac{\beta}{Ts+1}\frac{\alpha}{s}$$

次に，ラプラス変換の最終値の一致，$\lim_{t\to\infty}\varepsilon = \lim_{s\to0}sE(s)$ より，最終的な ε は $\beta\alpha$ となり，全水位は，初期値と合わせて，$\beta\alpha+200$ となることがわかる．

参考までに，上式を部分分数に展開して，ラプラス逆変換し，$t=0$ のとき，$h_0=200\,\text{mm}$ を考えると，全体の水位 $h(t)$ は次のようになる．

$$h(t) = \beta\alpha\left\{1-e^{-\frac{t}{T}}\right\}+200 \quad〔\text{mm}〕$$

ここで，$T=\beta A=720\,\text{s}$，$A=0.16\,\text{m}^2$，$\alpha=2\times10^{-4}\cdot0.05\,\text{m}^3/\text{s}$ とすると，$\beta\alpha=0.045\,\text{m}$ となる．したがって，上式は次のようになる．

$$h(t) = 45\left\{1-e^{-\frac{t}{T}}\right\}+200 \quad〔\text{mm}〕$$

この式から，$t\to\infty$ として，$h(t\to\infty)=245\,\text{mm}$ を得る．

問題4 式を導く方法は 3-6 節（58 ページ）を参照する．図 3·13（a）に示したような質量-ばね-ダッシュポット系は二次遅れ要素であり，その標準形の伝達関数では，固有角周波数 ω_n，減衰係数 ζ，ゲイン定数 K は

$$\omega_n = \sqrt{\frac{k}{m}}, \quad \zeta = \frac{\mu}{2\sqrt{mk}}, \quad K = \frac{1}{k}$$

と定数変換される．

ここで，減衰係数 ζ は，$\zeta\geqq1$ であればオーバシュートを生じないので，

$$\begin{cases} \zeta = \dfrac{\mu}{2\sqrt{mk}}\geqq1 \\ \mu\geqq2\sqrt{mk} \end{cases}$$

となる．上式に，$m=1\,\text{kg}=1\,\text{N·s}^2/\text{m}$，$k=400\,\text{N/m}$ を代入して，μ は

$$\mu\geqq2\sqrt{mk}=2\sqrt{1\times400}=40\ \text{N/(m/s)}$$

となる．

第 6 章

問題 1

(1) $G(j\omega) = \dfrac{5}{j\omega} = \dfrac{5}{j\omega} \cdot \dfrac{-j}{-j} = -j\dfrac{5}{\omega}$

(2) $G(j\omega) = \dfrac{3}{2j\omega+1}$

$\qquad = \dfrac{3(-2j\omega+1)}{(2j\omega+1)(-2j\omega+1)}$

$\qquad = \dfrac{3}{1+4\omega^2} - j\dfrac{6\omega}{1+4\omega^2}$

(3) $G(j\omega) = \dfrac{3}{(j\omega)^2 + 8(j\omega) + 17}$

$\qquad = \dfrac{3}{-(\omega^2-17) + j8\omega}$

$\qquad = \dfrac{3}{-(\omega^2-17)+j8\omega} \dfrac{-(\omega^2-17)-j8\omega}{-(\omega^2-17)-j8\omega}$

$\qquad = \dfrac{-3(\omega^2-17)}{(\omega^2-17)^2+64\omega^2} - j\dfrac{24\omega}{(\omega^2-17)^2+64\omega^2}$

問題 2 $W(j\omega_1) = a + jb$ のとき，ゲインは $|W(j\omega_1)| = \sqrt{a^2+b^2}$ となり，位相は $\varphi = \tan^{-1}\left(\dfrac{b}{a}\right)$ で与えられる．ゲインの dB 表示は $g = 20\log_{10}|W(j\omega_1)|$ で求められる．

(1) $W(j\omega_1) = 2 + j$
$\quad |W(j\omega_1)| = \sqrt{2^2+1^2} = \sqrt{5}, \quad g = 20\log_{10}\sqrt{5} = 6.99 \ \ [\text{dB}]$

$\quad \varphi = \tan^{-1}\left(\dfrac{1}{2}\right) = 0.464 \ \text{rad} = 26.6°$

(2) $W(j\omega_1) = \dfrac{5}{1+j2} = \dfrac{5}{1+j2} \dfrac{1-j2}{1-j2} = 1 - j2$
$\quad |W(j\omega_1)| = \sqrt{1^2+(-2)^2} = \sqrt{5}, \quad g = 20\log_{10}\sqrt{5} = 6.99 \ \ [\text{dB}]$

$\quad \varphi = \tan^{-1}\left(-\dfrac{2}{1}\right) = -1.11 \ \text{rad} = -63.4°$

(3) $\quad W(j\omega_1) = \dfrac{1-j2}{2+j} = \dfrac{1-j2}{2+j}\,\dfrac{2-j}{2-j} = -j$

$\quad\quad |W(j\omega_1)| = \sqrt{(-1)^2} = 1, \quad g = 20\log_{10}1 = 0 \ \text{dB}$

$\quad\quad \varphi = \tan^{-1}\left(-\dfrac{1}{0}\right) = -\dfrac{\pi}{2} \ \text{rad} = -90°$

■ **問題3** 図 6·23 の伝達関数 $W(s)$ は，次のとおりである．

$$W(s) = \frac{K}{Ts+K}$$

ここで，$s = j\omega$ として，周波数伝達関数は次式で示される．

$$W(j\omega) = \frac{K}{j\omega T+K}$$

次に，$W(j\omega)$ の大きさ $|W(j\omega)|$ を求めると

$$|W(j\omega)| = \frac{K}{\sqrt{K^2+(\omega T)^2}}$$

となる．次に，$|W(j\omega)|$ の対数からゲインを求めると

$$g = 20\log_{10}K - 10\log_{10}\{K^2+(\omega T)^2\} \ \text{〔dB〕}$$

となる．

(a) $\omega \ll 1$ のとき

$\quad K^2+(\omega T)^2 \fallingdotseq K^2$ と考えて，ゲインは $g=0$ dB となる．

(b) $\omega \gg 1$ のとき

$\quad K^2+(\omega T)^2 \fallingdotseq (\omega T)^2$ と考えて，ゲインは

$\quad g \fallingdotseq 20\log_{10}K - 10\log_{10}(\omega T)^2 \fallingdotseq 20\log_{10}K - 20\log_{10}\omega T \ \text{〔dB〕}$

となる．つまり，ω が大きくなると，傾きが -20 dB/dec である直線となることがわかる．

(c) $W(j\omega)$ を標準形に整理すると，次のようになる．

$$W(j\omega) = \frac{K}{j\omega T+K} = \frac{1}{j\left(\dfrac{T}{K}\right)\omega+1}$$

ゲイン線図の交点は $\left(\dfrac{T}{K}\right)\omega = 1$，$\omega = \dfrac{K}{T}$ で，応答の性能評価の尺度にもなっている．(a)，(b)，(c) から答えは (3) となる．

第 7 章

問題 1

(1) 図 7·23 (a) の一次遅れ要素に，インディシャル入力が加わったとき，出力信号のラプラス変換 $C(s)$ は

$$C(s) = G(s)\, R(s) = \frac{1}{s+1} \cdot \frac{1}{s} = \frac{1}{s(s+1)}$$

となる．ラプラス逆変換するために，$C(s)$ を部分分数に展開すると

$$C(s) = \frac{1}{s(s+1)} = \frac{1}{s} - \frac{1}{s+1}$$

となり，応答（出力信号 $c(t)$）は

$$c(t) = 1 - e^{-t}$$

となる．時定数は 1，ゲインは 1 である．

(2) 図 7·23 (b) の直結フィードバック系に，インディシャル入力が加わったとき，出力信号のラプラス変換 $C(s)$ は

$$C(s) = \frac{G(s)\, R(s)}{1 + G(s)} = \frac{1}{s+2} \cdot \frac{1}{s} = \frac{1}{2}\left(\frac{1}{s} - \frac{1}{s+2}\right)$$

となり，応答（出力信号 $c(t)$）は

$$c(t) = \frac{1}{2}\{1 - e^{-2t}\}$$

となる．時定数は $\frac{1}{2}$，ゲインは $\frac{1}{2}$ である．

(3) 図 (a) を基準に直結フィードバックにすると，ゲインが減少する．併せて，時定数も小さくなるので，速応性が増す（$e^{-t} \rightarrow e^{-2t}$）ことになる．

問題 2

(1) 系の伝達関数 $W(s)$ とインディシャル入力に対応する出力 $C(s)$ は

$$W(s) = \frac{C(s)}{R(s)} = \frac{K}{Ts+K+1}, \quad C(s) = \frac{K}{Ts+K+1} \cdot \frac{1}{s}$$

となる．

定常偏差 ε は, (目標値) − (定常値) から, 次のように求めることができる.

$$\varepsilon = 1 - c(\infty) = 1 - \lim_{s \to 0} s\, C(s) = \frac{1}{K+1}$$

(2) 定常偏差が 3% (0.03) 以下という問題であるので

$$\varepsilon = \frac{1}{K+1} \leqq 0.03$$

の関係が成り立つことになる. この不等式より

$$\begin{cases} 1 \leqq 0.03(K+1) \\ 0.97 \leqq 0.03K \\ K \geqq 32.3 \end{cases}$$

を得る.

▋ 問題 3 ▏

(1) 問題 の回路では, 伝達関数の一般式は次のようになる.

$$G(s) = \frac{E_2(s)}{E_1(s)} = \frac{1}{RCs+1}$$

ここで, $T = RC = 2 \cdot 0.5 = 1.0$ より, 伝達関数 $G(s)$ は, 次のようになる.

$$G(s) = \frac{1}{s+1}$$

(2) (1) で, $s = j\omega$ として, 周波数伝達関数 $G(j\omega)$ は, 次のようになる.

$$G(j\omega) = \frac{1}{j\omega+1} = \frac{1}{1+\omega^2} - j\,\frac{\omega}{1+\omega^2}$$

(3) ゲインは, $G(j\omega)$ の大きさ (絶対値) $|G(j\omega)|$ で与えられる.

$$|G(j\omega)| = \sqrt{\left(\frac{1}{1+\omega^2}\right)^2 + \left(\frac{\omega}{1+\omega^2}\right)^2}$$
$$= \frac{1}{\sqrt{1+\omega^2}}$$

(4) 位相を φ とすると
$$\tan\varphi = -\omega$$
あるいは
$$\varphi = -\tan^{-1}\omega$$
で与えられる.

第8章

問題1 解図 **29** のように，点 a 側に電流 i_1，点 b 側に電流 i_2 が流れると考える．このとき，電源と点 a まわり，および電源と点 b まわりでキルヒホッフの第 2 法則を適用すると，次式が得られる．

$$\begin{cases} (R_1+R_2)i_1 = E_i \\ (R_4+R_3)i_2 = E_i \end{cases}$$

このとき，a–b 間の電位差 E_0 は，次式で示される．

$$E_0 = R_1 i_1 - R_4 i_2$$

次に，上式から電流を消去し，整理すると，入力電圧と出力電圧の関係は

$$E_0 = \frac{R_1 R_3 - R_2 R_4}{(R_1+R_2)(R_3+R_4)} \cdot E_i$$

と示される．

ここで，すべての抵抗が $R_1 = R_2 = R_3 = R_4 = R$ で，2 枚のゲージの抵抗が $R = R + \Delta R$ と $R = R - \Delta R$ に変化したとすると

$$E_0 = \frac{(R+\Delta R)R - R(R-\Delta R)}{(R+R)(R+R)} \cdot E_i = \frac{\Delta R}{2R} E_i$$

が得られる．

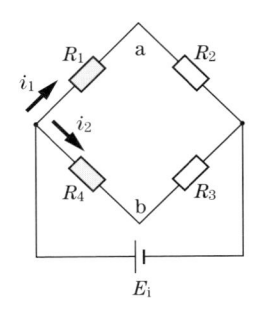

解図 29　ブリッジ回路

問題2 一般的にサーボ機構には，急加速・急減速，瞬間的な大出力の供給，低速での円滑な動作などが望まれる．そのようなサーボ機構の動力源による分類である電気サーボと油圧サーボには，次のような特徴がある．

① 動力源が電気である電気サーボは，構成が簡単で制御しやすく，取扱いも容易である．対して，油圧源が必要な油圧サーボは，圧油供給の装置・機器も必要で，作動油の保守・管理などもあり，取扱いが複雑である．

② 一般的に，電気サーボは小・中出力用で，対して，油圧サーボは高出力用といわれているが，電気サーボも高出力が期待できる性能になっている．

③ 電気サーボは回転運動，対して，油圧サーボは往復運動に向いている．

〔参考〕

本書は，油圧についてほとんど解説していないので，以下の説明を加えておく．

油圧サーボを含む油圧機器には，油圧源である圧油供給の装置・機器も必要で，作動油の保守・管理などもあり，取扱いは電気に比べて複雑である．また，作動油は不燃油が多いが，火災の危険もある．

問題3　法律条件とは別にして自動車の運転では，運転者は絶えず状況の変化する進行方向を主に注視し，その得られた情報（結果）の一部をフィードバックして，目的の操作を行っている．

　自動車の運転では，道路に沿った進行方向の変化（直線，カーブ，右左折など），並走車や対向車の有無，歩行者や障害物などが外乱の要因である．

　上手な運転者は，過去の経験から外乱を予測し，フィードバック制御に併せてフィードフォワード制御を多用している．これに対し，経験の少ない初心者は，フィードバック制御のみに頼っている．つまり，ほとんどの外乱が現れた後にはじめて対応するため，操作が遅れがちとなり，運転がぎこちなくなるのである．

問題4　通常，走行中の自動車のタイヤと路面はほとんど滑らないため，タイヤの転がる方向が限定され，ハンドルを操作することによって自動車の走行方向を制御できる．通常のブレーキ操作時もタイヤと路面の間は滑らず，ブレーキドラムなどとブレーキシューの間の摩擦力が生じることによって自動車は止まる（**解図30**）.

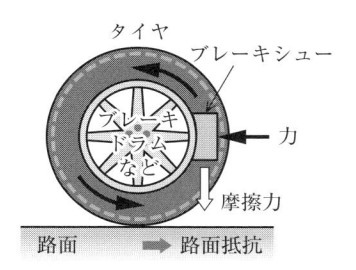

解図30　急ブレーキと路面抵抗

　しかし，走行中に急ブレーキを踏むと，タイヤがロックされ，車が路面の上を滑ってしまう．タイヤがロックして滑り始めると，自動車は不安定になりハンドル操作が不能となる．

　これを防ぐために，ブレーキを一気に踏み込むのではなく徐々に踏み込み，次に，少し緩めて再び踏み込む動作を繰り返す技術（ポンピングブレーキ）がある．これを自動化したのが，ABS（アンチロック・ブレーキ・システム）である．

　つまり，ABSは，タイヤがロック寸前になるとブレーキを自動で小刻みに開放し，ロックしないように制御している．また，ABS動作中はブレーキペダルが振動するなどして，運転者にその動作を知らせるようなフィードバック機能もある．

付　録

1.　基礎的な数学の知識

1.1　複素数

　複素数とは，実数の単位である 1 に加えて，$j^2 = -1$ を満たす**虚数単位** j（数学では i を使うが，工学では一般に j を使う）を新たな単位として導入し，二つの実数 x, y を用いて $x + jy$ の形に表現される数のことである．複素数を図示する場合，一般には**図付録・1** のような二つの座標系がある．

　一つは，直角座標系で，x 軸（横軸）を実軸，y 軸（縦軸）を虚軸とする．この座標系では，複素数 $z = x + jy$ を (x, y) で示す．

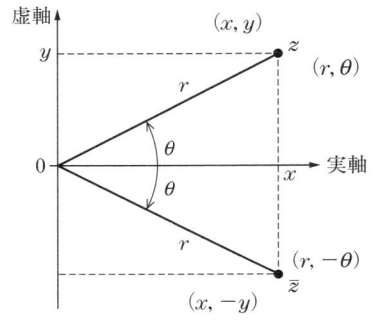

図付録・1　直角座標と極座標

　もう一つの座標系は，極座標といい，原点からの距離と角度（通常，反時計まわりを正とする）で表すものである．直角座標 (x, y) は，同図のように極座標 (r, θ) を用いても表示することができる．極座標を用いたものを極形式の複素数という．

　すなわち，同図に示した複素数 z について

$$z = x + jy$$
$$= re^{j\theta}$$

と表すことができる．また，**オイラーの公式**より，$e^{j\theta}$ は

$$e^{j\theta} = \cos\theta + j\sin\theta$$

である．ここで，e は**ネイピア数**といい，自然対数の底であり，$e \fallingdotseq 2.718$ である．

1.2　複素共役

　また，虚数部の符号のみが異なる二つの複素数は，互いに**複素共役**であるといい．ある複素数 $z\,(=x+jy)$ の虚数部の符号を変えた複素数 $\bar{z}\,(=x-jy)$ を，z の**共役複素数**と呼び，z に対して $\bar{z}$ で表す．

$$\bar{z} = x - jy$$
$$= re^{-j\theta}$$

　さらに，各座標間の変換は同図を参照し，次の関係式を得る．

$$\begin{cases} r = \sqrt{x^2 + y^2} \qquad (x = r\cos\theta,\ y = r\sin\theta) \\ \theta = \angle z = \tan^{-1}\dfrac{y}{x} \end{cases}$$

1.3 複素数の四則演算

二つの複素数，$z_1,\ z_2$ を

$$\begin{cases} z_1 = x_1 + jy_1 = r_1 e^{j\theta_1} \\ z_2 = x_2 + jy_2 = r_2 e^{j\theta_2} \end{cases}$$

とするとき，以下の計算が可能となる．

1.3.1 和および差

$$\begin{aligned} z_1 \pm z_2 &= (x_1 + jy_1) \pm (x_2 + jy_2) \\ &= (x_1 \pm x_2) + j(y_1 \pm y_2) \end{aligned}$$

※ 和および差の計算では，極形式表示の複素数は計算が面倒であるので利用しない．

1.3.2 積

$$\begin{aligned} z_1 z_2 &= (x_1 + jy_1) \cdot (x_2 + jy_2) \\ &= (x_1 x_2 - y_1 y_2) + j(x_1 y_2 + x_2 y_1) \\ z_1 z_2 &= r_1 e^{j\theta_1} \cdot r_2 e^{j\theta_2} \\ &= r_1 r_2 e^{j(\theta_1 + \theta_2)} \end{aligned}$$

1.3.3 商

$$\begin{aligned} \frac{z_1}{z_2} &= \frac{x_1 + jy_1}{x_2 + jy_2} = \frac{(x_1 + jy_1)(x_2 - jy_2)}{(x_2 + jy_2)(x_2 - jy_2)} \\ &= \frac{x_1 x_2 + y_1 y_2}{x_2{}^2 + y_2{}^2} - j\,\frac{x_1 y_2 - x_2 y_1}{x_2{}^2 + y_2{}^2} \end{aligned}$$

※ 複素数の割り算は，分母の複素数の共役複素数を分母と分子にかけて実数化すればよい．

$$\frac{z_1}{z_2} = \frac{r_1}{r_2}\,e^{j(\theta_1 - \theta_2)}$$

※ 割り算は，極形式の複素数のほうが簡単である．いずれにしても計算に都合のよい表示法を用いればよい．

1.3.4 複素数の絶対値

$$r^2 = x^2 + y^2 = |z|^2 = |\bar{z}|^2 = z\bar{z}$$

1.4 三角関数の代表的な公式

三角関数の定義と代表的な公式を以下に示す.

1.4.1 三角関数の定義・基本公式

$$\sin \alpha = \frac{y}{r}$$

$$\cos \alpha = \frac{x}{r}$$

$$\tan \alpha = \frac{y}{x}$$

$$\cot \alpha = \frac{x}{y} \quad (\text{コタンジェント})$$

$$\sin^2 \alpha + \cos^2 \alpha = 1 \qquad 1 + \tan^2 \alpha = \frac{1}{\cos^2 \alpha}$$

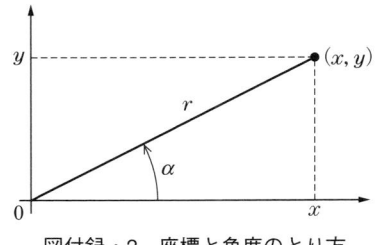

図付録・2 座標と角度のとり方

1.4.2 加法定理

$$\sin (\alpha \pm \beta) = \sin \alpha \sin \beta \pm \cos \alpha \sin \beta$$

$$\cos (\alpha \pm \beta) = \cos \alpha \cos \beta \mp \sin \alpha \sin \beta$$

$$\tan (\alpha \pm \beta) = \frac{\tan \alpha \pm \tan \beta}{1 \mp \tan \alpha \tan \beta}$$

1.4.3 和・差から積への公式

$$\sin \alpha + \sin \beta = 2 \sin \frac{1}{2} (\alpha + \beta) \cos \frac{1}{2} (\alpha - \beta)$$

$$\sin \alpha - \sin \beta = 2 \cos \frac{1}{2} (\alpha + \beta) \sin \frac{1}{2} (\alpha - \beta)$$

$$\cos \alpha + \cos \beta = 2 \cos \frac{1}{2} (\alpha + \beta) \cos \frac{1}{2} (\alpha - \beta)$$

$$\cos \alpha - \cos \beta = -2 \sin \frac{1}{2} (\alpha + \beta) \sin \frac{1}{2} (\alpha - \beta)$$

$$\tan \alpha \pm \tan \beta = \frac{\sin (\alpha \pm \beta)}{\cos \alpha \cos \beta}$$

1.4.4 積から和・差への変換

$$\begin{cases} \sin \alpha \sin \beta = \dfrac{1}{2} \cos (\alpha - \beta) - \dfrac{1}{2} \cos (\alpha + \beta) \\[2mm] \cos \alpha \cos \beta = \dfrac{1}{2} \cos (\alpha - \beta) + \dfrac{1}{2} \cos (\alpha + \beta) \\[2mm] \sin \alpha \cos \beta = \dfrac{1}{2} \sin (\alpha - \beta) + \dfrac{1}{2} \sin (\alpha + \beta) \\[2mm] \tan \alpha \tan \beta = \dfrac{\tan \alpha + \tan \beta}{\cot \alpha + \cot \beta} = - \dfrac{\tan \alpha - \tan \beta}{\cot \alpha - \cot \beta} \end{cases}$$

1.4.5 倍角・半角の公式

$$\begin{cases} \sin 2\alpha = 2 \sin \alpha \cos \alpha \\[2mm] \cos 2\alpha = \cos^2 \alpha - \sin^2 \alpha = 1 - 2 \sin^2 \alpha = 2 \cos^2 \alpha - 1 \\[2mm] \tan 2\alpha = \dfrac{2 \tan \alpha}{1 - \tan^2 \alpha} = \dfrac{2}{\cot \alpha - \tan \alpha} \\[2mm] \sin^2 \alpha = \dfrac{1}{2} - \dfrac{1}{2} \cos 2\alpha \\[2mm] \cos^2 \alpha = \dfrac{1}{2} + \dfrac{1}{2} \cos 2\alpha \end{cases}$$

1.4.6 その他の公式

$$\begin{cases} \sin \alpha = \dfrac{1}{j2} (e^{j\alpha} - e^{-j\alpha}) \\[2mm] \cos \alpha = \dfrac{1}{2} (e^{j\alpha} + e^{-j\alpha}) \\[2mm] (\cos \alpha + j \sin \alpha)^n = \cos n\alpha + j \sin n\alpha \end{cases}$$

1.5 二次方程式の根

定数係数をもつ二次方程式 $ax^2 + bx + c = 0$ において，判別式 D を $D = b^2 - 4ac$ とすると，D の符号により，二次方程式は

① $D > 0$ … 相異なる 2 実根
② $D = 0$ … 重根
③ $D < 0$ … 複素根

と分類できる．

① $D > 0$ **（相異なる 2 実根）**

二つの根を x_1, x_2 とすると，次のようになる．

$$x_1 = \frac{-b + \sqrt{b^2 - 4ac}}{2a}, \quad x_2 = \frac{-b - \sqrt{b^2 - 4ac}}{2a}$$

② $D = 0$ **（重根）**

重根を $x = x_1 = x_2$ とすると，次のようになる．

$$x = x_1 = x_2 = -\frac{b}{2a}$$

③ $D < 0$ **（複素根）**

二つの根を x_1, x_2 とすると，次のようになる．

$$x_2 = \frac{-b + j\sqrt{4ac - b^2}}{2a}, \quad x_2 = \frac{-b - j\sqrt{4ac - b^2}}{2a}$$

※ $\sqrt{}$ 内が負になる場合，$\sqrt{-1} = j$ とすれば，① の形式ですべての解を表すこともできる．

1.6　テイラー展開

$|x| < 1$ のとき，以下のように展開することができる．これを**テイラー展開**という．

$$(1+x)^\alpha = 1 + \alpha x + \frac{\alpha(\alpha-1)}{2}x^2 + \frac{\alpha(\alpha-1)(\alpha-2)}{6}x^3 + \cdots \qquad (|x| < 1)$$

また，x の絶対値が非常に小さいとき

$$(1+x)^\alpha \fallingdotseq 1 + \alpha x \quad (|x| \ll 1)$$

の近似式が成り立つ．

2. ラプラス変換・逆変換表

表付録・1　ラプラス変換公式

	原関数	像関数
1	$\delta(t)$	1
2	$1,\ u(t)$	$\dfrac{1}{s}$
3	t	$\dfrac{1}{s^2}$
4	t^n	$\dfrac{n!}{s^{n+1}}$
5	$e^{-\alpha t}$	$\dfrac{1}{s+\alpha}$
6	$\sin \omega t$	$\dfrac{\omega}{s^2+\omega^2}$
7	$\cos \omega t$	$\dfrac{s}{s^2+\omega^2}$
8	$e^{-\alpha t}\sin \omega t$	$\dfrac{\omega}{(s+\alpha)^2+\omega^2}$
9	$e^{-\alpha t}\cos \omega t$	$\dfrac{s+\alpha}{(s+\alpha)^2+\omega^2}$
10	$t^n e^{-\alpha t}$	$\dfrac{n!}{(s+\alpha)^{n+1}}$
11	$\sinh \omega t$	$\dfrac{\omega}{s^2-\omega^2}$
12	$\cosh \omega t$	$\dfrac{s}{s^2-\omega^2}$

※　n! は，n の階乗 $n\times(n-1)\times\cdots\times2\times1$ を表す.

3. 機械の基礎知識

3.1 パスカルの原理

　油圧は，応答性のよさや大出力が得られることから，産業機器などに用いられることが多い．油圧を理解するうえで重要な事柄に，次に示す**パスカルの原理**がある．

〔パスカルの原理〕

① 圧力は面に対して直角に作用する．

② 各点の圧力はすべての方向に等しく伝わる．

③ 密閉した容器内の流体の一部に加えられた圧力は，同時に各部に等しい強さで伝わる．

　図付録・3のような油圧ジャッキにおいて，左側のポンプ部のピストン（断面積を A〔m^2〕とする）に力 F〔N〕を加えて，油に圧力を発生させると，右側のジャッキ部（断面積を B〔m^2〕とする）の荷重 W〔N〕とつり合った．

　このとき，F と W の関係は，パスカルの原理で次のように説明される．

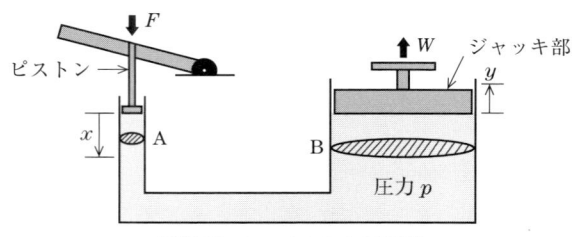

図付録・3　パスカルの原理

　まず，左側に加えられた力 F〔N〕によって，圧力 $p = \dfrac{F}{A}$ が発生する．この圧力は，瞬時に，すべての部分に同じ強さ（圧力）で伝わる．

　右側のジャッキ部にも伝わり，荷重 W〔N〕とつり合うので，$W = pB$ の関係を得る．これより，F と W の関係を求めると，次のようになる．

$$W = \frac{B}{A} F$$

　この式より，両シリンダの面積比 $\dfrac{B}{A}$ を大きくとれば，小さな力 F で大きな力 W が得られることがわかるはずである．

　また，左側に加えられた力 F〔N〕によって，ピストンが x〔m〕移動したとすると，油は右側へ $Q = Ax$〔m^3〕だけ流入したことになる．このとき，右側のジャッキ部のピストンは次式だけ移動することになる．

$$y = \frac{Q}{B} = \frac{A}{B}x$$

3.2 連続の式とベルヌーイの定理

　非圧縮性の流体で，**定常流**（時間によって変化しない流れ）であれば，**図付録・4** に示すような管の任意の断面を通る流量 Q〔m³/s〕は，どの断面でも一定となる．これを**連続の式**という．

（1）連続の式

$$Q = A_1 v_1 = A_2 v_2$$

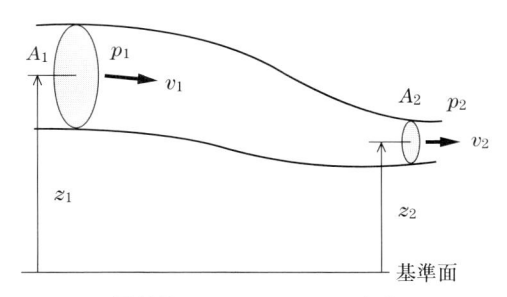

図付録・4　ベルヌーイの定理

　また，流体のエネルギーの保存則である**ベルヌーイの定理**も成り立つ．

（2）ベルヌーイの定理

$$\frac{v_1^2}{2} + gz_1 + \frac{p_1}{\rho} = \frac{v_2^2}{2} + gz_2 + \frac{p_2}{\rho}$$

　ベルヌーイの定理で，第1項は速度エネルギー，第2項は位置エネルギー，第3項は圧力エネルギーに関するものである．上式において，A_1〔m²〕，A_2〔m²〕を断面積，v_1〔m/s〕，v_2〔m/s〕を流速，z_1〔m〕，z_2〔m〕を基準面からの高さ，p_1〔N/m²〕，p_2〔N/m²〕を流体の圧力，ρ〔kg/m³〕を流体の密度，g〔m/s²〕を重力加速度とする．

例えば水道の蛇口を大きく開くと，水が勢いよくほとばしる．これは非定常流である．次に，蛇口を徐々にしぼっていくと，水の流れが透明になる点がある．この流れが定常流である．

4. 基礎的な電気の知識

　本書の内容を理解するうえで必要な電気の基礎知識（電流や電圧の関係など）を示す．なお，本書では，ラプラス変換された像関数を大文字としたため，以下に示す時間領域での電流や電圧などの原関数は小文字表記とした．

4.1　直流抵抗

　直流抵抗の両端の電圧と電流との関係は，**オームの法則**として知られている．**図付録・5**に示す抵抗 R〔Ω〕に電流 $i(t)$〔A〕が流れると，抵抗両端の電圧（電位差）$e(t)$〔V〕は次式で示される．

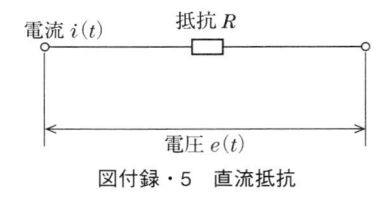

図付録・5　直流抵抗

$$e(t) = RI(t) \quad 〔V〕 \qquad ①$$

　上式の関係をオームの法則という．

4.2　インダクタンス

　図付録・6に示すインダクタンス L〔H〕のコイルに電流 $i(t)$〔A〕が流れるとき，コイル両端の電圧（電位差）$e(t)$〔V〕は次式で示される．

$$e(t) = L \frac{di(t)}{dt} \quad 〔V〕 \qquad ②$$

　コイル両端の電圧は，コイルを流れる電流の微分に比例することがわかる．

　電流が一定である場合，コイルは単なる導線と同じであると考えられ，両端で電位差を生じないことがわかる．

4.3　コンデンサ

　図付録・7に示す静電容量 C〔F〕のコンデンサに電流 $i(t)$〔A〕が流れるとき，コンデンサに蓄えられる電荷を $q(t)$〔C〕とすると，コンデンサ両端の電圧（電位差）$e(t)$〔V〕は次式で示される．

$$e(t) = \frac{1}{C} \int_0^t i(t)\, dt = \frac{1}{C} q(t) \quad 〔V〕 ③$$

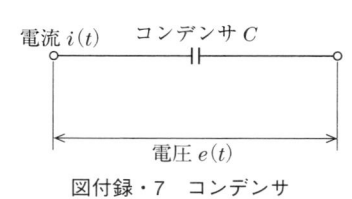

図付録・7　コンデンサ

4.4 キルヒホッフの法則（電流の法則）

キルヒホッフの法則は，複雑な回路の解析に有効で，**キルヒホッフの第1法則**（電流の法則）と**キルヒホッフの第2法則**（電圧の法則）の二つからなっている．

（1）キルヒホッフの第1法則（電流の法則）

電流の法則は次のとおりである．任意の1点に流入する電流の総和（**図付録・8**では，i_1+i_2）と流出する電流の総和（i_3+i_4）は等しい．

$$i_1+i_2=i_3+i_4$$

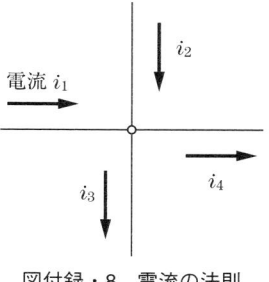

図付録・8　電流の法則

（2）キルヒホッフの第2法則（電圧の法則）

回路中の任意の閉回路（**図付録・9**では，Ⅰ，Ⅱあるいは，Ⅲなどが考えられる）において，一定の方向にたどった電圧（起電力，電圧降下など）の総和は0となる．例えば，図付録9のⅠの閉回路（時計まわりで考えている）では，次のようになる．

$$e_1-R_2i_2-R_1i_1=0$$

上式の各項の符号は，考える閉回路の向き，起電力，電流の向きなどから定まる．

また，閉回路内にコンデンサやインダクタンスが存在する場合は，式②および式③を用いればよい．

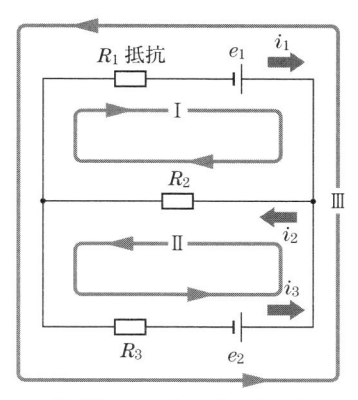

図付録・9　閉回路の考え方

参 考 文 献

1) 示村悦二郎：自動制御とは何か，コロナ社（1990）.
2) 川田昌克, 西岡勝博 共著：MATLAB/Simulink によるわかりやすい制御工学，森北出版（2001）.
3) 金子敏夫：やさしい機械制御，日刊工業新聞社（1992）.
4) 金子敏夫：機械制御工学，日刊工業新聞社（1988）.
5) 山本重彦, 加藤尚武：PID 制御の基礎と応用 第 2 版，朝倉書店（2005）.
6) 大日方五郎 編著：制御工学−基礎からのステップアップ，朝倉書店（2003）.
7) 小川鑛一：初めて学ぶ基礎機械システム，東京電機大学出版局（2001）.
8) 油圧教育研究会 編：油圧教本，日刊工業新聞社（1973）.
9) 日本機械学会：制御工学 JSME テキストシリーズ，丸善出版（2002）.
10) 日本機械学会：機械工学のための数学 JSME テキストシリーズ，丸善出版（2013）.
11) 日本機械学会：演習 制御工学 JSME テキストシリーズ，丸善出版（2004）.

索 引

〈著者略歴〉

宇津木　諭 (うつぎ　さとし)

武蔵工業大学大学院博士課程（機械工学専攻）修了　工学博士
武蔵工業大学（現 東京都市大学），幾徳工業大学（現 神奈川工科大学）にて非常勤講師
科学技術学園専門学校講師
科学技術学園高等学校（2013 年 3 月末退職）

絵ときでわかる 機械制御（第 2 版）

2006 年 9 月 15 日　　第 1 版第 1 刷発行
2018 年 8 月 10 日　　第 2 版第 1 刷発行
2024 年 5 月 10 日　　第 2 版第 7 刷発行

著　　者　宇津木　諭
発 行 者　村 上 和 夫
発 行 所　株式会社 オ ー ム 社
　　　　　郵便番号　101-8460
　　　　　東京都千代田区神田錦町 3-1
　　　　　電 話　03(3233)0641(代表)
　　　　　URL https://www.ohmsha.co.jp/

© 宇津木諭 2018

印刷　中央印刷　　製本　協栄製本
ISBN978-4-274-22255-9　Printed in Japan

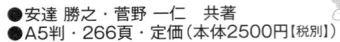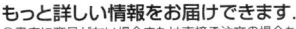